工廠叢書 (120)

生產管理改善案例

丁振國　任賢旺　編著

憲業企管顧問有限公司　　發行

《生產管理改善案例》

序　言

工廠就是一個製造場所，導入各種有效的生產資源，通過計劃、組織、用人、指導、控制等活動，使工廠所有部門，如期達成預訂的目標，保證保質按期交付所加工或生產的產品，使客戶滿意，所以生產管理很重要，如何做好現場管理越來越成為企業重點關注的問題。

作者曾撰寫《採購管理實務》，倍受企業界歡迎，本書《生產管理改善案例》內文都是各種工廠管理實例說明，作者是工廠管理實務指導專家、生產管理駐廠輔導專家，全書各種輔導成功案例，重點緊扣實務生產管理，是生產管理的具體指導用書，對企業界有很大的參考作用。

本書以生產現場管理為主線，對現場管理所產生的難題，提出解決的方法和對策，供管理者參考和學習。全書以實用性、操作性為主，根據生產現場管理特點，保證獲得最佳的生產現場管理效果。

本書是工廠顧問師的輔導改善精華，透過具體的管理技巧，使生產現場流程順暢，為每個生產現場作業環節提供了一套針對性的實用範本，生產管理者在工作中可拿來即用，不斷改善現場管理工作。

《生產管理改善案例》

目 錄

1 工廠主管要現場巡查

為掌握現場生產的品質狀況，要對現場進行巡查，以便發現品質問題並及時解決。實施巡查時，不能只看看就完事，而要仔細查看現場的各種生產狀況，並注意使用行之有效的方法。

1. 日常安全巡查的內容

日常安全巡查，主要指每日巡查，其巡查內容著重於生產操作、設備、物料、人員等的安全狀況，具體如表 1-1 所示。

表 1-1 日常安全巡查的內容

一級分類	二級分類	巡查內容
班前巡查	人員	⑴作業員是否按規定穿戴好工作服、工作鞋帽、手套、口罩等防護用品、用具； ⑵工作服是否合身、整潔、無油漬； ⑶工作服是否扣好，衣褲角是否紮緊，鞋帶是否繫好； ⑷防毒面具等防護用具是否完好、有效
	機台	⑴作業台是否整潔、無雜物； ⑵設備是否點檢； ⑶設備儀器是否狀態良好，週邊管線是否完好； ⑷機器設備危險部位是否採取有效的防護措施； ⑸地面是否乾淨、無油污

續表

班中巡查	標準作業	⑴作業員是否嚴格按照作業指導書進行作業； ⑵作業員是否按照設備操作標準進行操作； ⑶作業過程中產生的油污、碎屑等是否及時進行處理； ⑷設備發生故障時是否及時上報處理； ⑸停電時是否及時切斷電源； ⑹設備檢修時是否用標示牌進行告示
	安全預防	⑴作業現場物料、工具等的擺放是否超出界外放置； ⑵物品擺放是否安全，堆放時是否超出安全存量或限高線； ⑶設備的夾具、測量儀器是否按規定存放； ⑷作業現場安全裝置是否被移動或破壞； ⑸電力配線、熔絲等是否正確使用
	消防	⑴作業現場的消防設施設備是否齊備、有效； ⑵工作場所是否存在吸煙等不良現象； ⑶切割、焊接等是否在指定地點進行； ⑷消防器材放置處、緊急出口是否擺放了其他物品； ⑸消防器材是否便於取用
班後巡查	設備、機台、物料等	⑴停機前是否檢查設備運行狀態； ⑵是否做好設備清掃工作； ⑶是否將使用過的夾具、儀器等進行歸位； ⑷是否及時將成品進行入庫處理； ⑸不良品、報廢品、呆廢料等是否按規定放置、及時清理； ⑹停機後是否關閉閥門、切斷電源

2. 巡查的頻率

建立安全巡查機制，首先要對安全檢查的頻率進行明確。安全巡查的類型和實施主體不同，巡查的頻率也各不相同，具體分為以下幾種：

⑴年度巡查。每年一次，由公司最高層及安全委員會對公司的安全生產狀況進行全面巡查。

⑵月巡查。每月一到兩次，由安全部門或安全檢查小組組織對作業現場進行巡查。

⑶每週巡查。由工廠主管對其責任的部門進行每週一次的例行安全檢查。

⑷每日巡查。由班組長每天進行安全巡視。

安全巡查的內容，是安全巡查機制的核心部份，具體規定了各項安全巡查工作的實施對象和要求。安全巡查的內容規範，主要包括日常安全巡查和定期安全巡查兩部份。

3. 安全巡查的內容

安全巡查機制，還應當包括完備的安全巡查記錄。對安全巡查的情況進行詳細記錄和備案，便於日後發生事故時進行原因追溯。作業現場的安全巡查，通常採用安全巡查記錄台賬進行記錄，如表 1-2 所示。

此外，在對作業現場進行安全巡查的過程中，若發現安全隱患，應當立即發放安全隱患整改通知單責令有關部門限期整改。

定期安全巡查，主要指每週、月、年度安全巡查，其巡查內容重點在於全面檢查和分析作業現場的安全生產狀況，具體如下：

⑴定期安全巡查要注意各個時期的檢查重點，如春季的防雷防靜電檢查、夏季的防暑降溫檢查、秋季的防火防凍檢查、冬季的防火防

爆檢查等。

⑵定期安全檢查應當全面、深入，包括安全生產、保衛、消防等各個方面的普查。

⑶定期檢查還應當包括專業性、技術性較強的專項檢查，例如對某一項危險性較大的安全專業或工種的專項檢查。

表 1-2　安全巡查記錄台賬

編號：　　　　　　　　　　　　　　　　　　　填表日期：

部門		項目名稱	
檢查日期	檢查性質	檢查結果	檢查責任人
1			
2			
…			
31			
備註：本台賬由安全員負責填寫。			

4.巡查方法

為掌握現場生產的品質狀況，要對現場進行巡查，以便發現品質問題並及時解決。實施巡查時，不能只看看就完事，而要仔細查看現場的各種生產狀況，並注意使用行之有效的方法。

⑴使用每日作業實績表

作業實績表是對員工每日工作內容的詳細記錄，是現場品質控制的寶庫，現場主管通過每日查核「作業實績表」，可以有效地掌握現場的工作進度，同時能從「作業實績表」中發現工作中存在的品質問題並加以改善。

⑵定時巡查

可以在不同的時間段對現場進行巡查，掌握不同時間段的現場品質狀況。下面簡要說明了早上 30 分鐘和下班前 30 分鐘的現場巡查方法。

①早上 30 分鐘巡查

· 發現與品質有關的問題，嚴格對待，並指示到個人

· 一時不能明瞭的問題，立即派人去調查

· 召開現場會與相關負責人共同評價所發現的品質問題，並下達新指示

②下班前 30 分鐘巡查

· 仔細檢查機器運轉情況

· 以數值掌握不良品的發生情況

· 聽取有關工作遲延、製品不良等當日問題點的報告

· 綜合這些問題點，部門之間的問題親自聯絡並及時向員工回饋聯絡進度

5.現場巡查工具

作為現場主管，要想使自己的每一次現場巡查都產生價值，那去現場時就必須帶上能發現問題和解決問題的工具。這些工具都簡單、好用又方便攜帶，是現場品質控制不可或缺的有效工具。具體工具類型及用途如表 1-3 所示。

表 1-3　現場巡查工具

序號	工具類別	舉例	用途
1	觀測工具	碼表	對進行中的作業時間和速度進行觀測，能立即發現時間上的不合理現象
2	測量工具	捲尺	對工位佈置和作業空間高度進行測量，能及時得出高度和距離上的不合理情況
3	計量工具	計數器	主要是手壓式計數器，用來及時瞭解生產數量與目標數量的差距
4	記錄用具	記錄紙和圓珠筆	用來記錄在現場看到的不良情況和分析作業時間
5	夾持工具	文件夾板	用來夾持記錄紙，以方便在現場巡查過程中的記錄工作
6	計算工具	小型計算器	能在現場對測量、觀測的結果進行及時計算
7	聯絡用具	各相關部門聯絡表	一旦在現場發現有與其他部門相關的問題時可以及時進行聯絡，以加快問題解決的速度

2 問題發生時，主管首要就是去現場

生產現場是企業的主戰場，是公司實現增值和利潤的場所，企業的主要活動都是在現場完成的。現場是企業活動的第一線，也是最易滋生問題的場所；現場管理是企業生產運作管理的有機組成部份，直接影響產品品質和企業效益。

一、為什麼要先去現場

現場總會有各種各樣的問題。生產主管在面對問題時，會選擇先聽簡報、看資料，然後分析數據找解決辦法，但是這樣也許會讓你失去瞭解第一手資料的機會。而且，如果得到的資料和數據不全面或者不確切，就會影響管理者決策的方向，最終延遲解決問題的時機。

要想解決問題，就要先到問題發生的第一線去。不僅能掌握第一手資料，更具權威性，並能親自瞭解實物，幫助快速決策，同時還鼓舞了士氣，贏得信任和忠誠。

作為管理者，誰也不願意看到現場出問題，但事實是：誰也無法避免現場出問題，所以，優秀的管理者在面對現場問題時，一定要保有良好的心態，你的心態決定著你處理問題的能力。管理者應該擁有以下五大問題意識：重覆發生的問題就是作風問題；不怕出問題，就怕沒問題；解決問題就是抓住機遇；掩蓋問題就是製造危機；一切問題都是人的問題。

二、在現場檢查所有相關物件

現場管理中一個很重要的概念就是：現場出了問題要立刻解決。現場發生的問題，往往都是錯綜複雜的。這個時候，管理人員要第一時間趕到現場，瞭解情況，分析原因，拿出決策方案。而仔細檢查所有的相關物件，對於拿出決策方案是非常關鍵的。

在著手做檢查之前，現場管理者至少要先從兩個角度思考問題。首先要明確產生問題的異常情況是存在的；還要分析這個異常情況，跟需要達到的目標或者要求，有多大的差距；然後才能通過檢查物件，結合相關現象，思考為什麼會有此問題發生，以及如何解決；最後，在此基礎上，開始著手檢查。這樣可以幫助管理者在檢查中少做無用功。

由於目前的迫切需求是為了先拿出暫時性方案，解決手頭的問題，所以檢查側重的是專業檢查、單向檢查。檢查應優先從物料和設備兩方面入手。

在檢查物料和設備的時候，管理人員要做到「看」「做」「想」相結合。看，就是仔細考察現場；做，就是要能親自動手檢查現場；想，就是在檢查的過程中要多思考、多總結。

只有這樣才能抓到問題的本質，達到最終解決問題的目的。現場管理人員雖然可以做救火隊員，但是不能總是常做救火員。

為了發現問題解決問題，在檢查設備和物料的基礎上，管理人員應該養成同時關注環境和人員的意識。有些企業物料和設備都沒有問題，但是環境造成的隱患，會在物料或者設備上反映出來。這時候就不能僅僅只是簡單地去搬物料或者修設備了，還要追根究底，找源頭，查根由。

一切管理問題其實都是人的問題，所以在現場檢查物件的時候，也應該適當注意一下人員問題。畢竟，物料和設備管理的準則，都是由人來實施的。管理者的這種自覺，有助於暫時解決問題之後，挖掘真正的問題根由，徹底解決問題。

經過檢查，管理人員基本上都能明瞭問題所在。這個時候針對具體問題，管理者根據自己的經驗、閱歷，也應該能拿出相應的暫行解決辦法了。

一般來說，現場已經發生問題可以分為兩個方面：一個是人員本身的問題，一個是作業的問題。

管理者要本著以解決根本問題為出發點，遵循檢查相關物件的基本原則，才能在遇到問題的時候，既能快速、高效地提出暫時解決的方案，又能找到問題的根源，達到最終解決問題的目的。做到有問題立刻解決，解決後同類問題不再出現，是一個優秀的現場管理者應該具備的職業能力。

三、現場採取暫行處理措施

通過檢查現場發現和查明問題後，為將損失降到最小，現場管理者必須在現場對發現的問題採取暫行處理措施。一般要遵循以下兩個原則：

(1)發現問題後，及時解決

事故現場管理人員應當迅速果斷地採取應急措施，糾正問題，組織搶救，防止事故擴大，減少人員傷亡和財產損失。然後按照企業有關規定儘快向上級負責人如實報告或根據問題的性質決定是否向當地有關部門反映。

⑵有賞有罰，以理服人

對表現優秀的員工進行表揚或獎勵。獎勵遵守規章制度的員工時，可以物質激勵和精神激勵相結合。

對存在的違章、違紀作業行為進行現場制止、糾正，對引起問題或事故的員工進行批評或懲罰，使其充分認識到違章作業的危害，避免再次犯錯。

四、生產主管要發掘問題並及時解決問題

拿出臨時解的決方案，不等於徹底解決問題，只是為生產主管贏得了解決問題的時間。

現場管理者應該明確，問題是永遠存在的，但問題不是一成不變的。管理者遇到的情況往往是：舊問題解決了，又面臨新問題。所以，管理者要善於發掘問題，特別是探討問題背後的真正原因。這樣才能通過不斷解決問題的過程，達到改善現場的最終目的。

1. 發掘問題有方法

面對複雜的狀況，管理者如何準確評估、分析所有的數據，以發掘問題呢？有三種有效而且便捷的方法：

⑴「三不法」——通過檢查工作中的不合理、不均衡和不節約的現象來發掘問題；

⑵「4M1E 法」——通過對工作中的人員(Man)、機器/設備(Machine)、物料(Material)、方法(Method)以及環境(Environments)五個方面進行檢查，來發掘問題；

⑶「六大任務法」——通過對現場管理的六大任務：品質、成本、交期、生產率、安全以及士氣的逐項檢查，來發掘問題。

「三不法」和「4M1E 法」以及「六大任務法」並不是孤立的，可以單獨使用，也可以結合使用。

所謂「三不法」和「4M1E 法」結合，就是針對現場的人員、設備、物料方法以及環境，檢查有沒有不合理、不均衡和浪費的現象。至於和「六大任務法」的結合，就是考察品質、成本、交期、生產率、安全以及士氣這六大方面，配置合理嗎？均衡嗎？浪費嗎？

三大方法結合使用，將更有效地幫助現場管理者發掘潛在的問題。

表 2-1　「三不法」和「4M1E 法」相結合參照表

三不法	4M1E 法				
	人員	機械	材料	作業方法	作業環境
不合理					
不均衡					
浪費					

表 2-2　「三不法」和「六大任務」相結合參照表

三不法	六大任務					
	品質	成本	交貨期	生產率	安全	士氣
不合理						
不均衡						
浪費						

2.界定問題要準確

發掘問題是為了解決問題。解決問題當然是越快越好，但是首先要準確界定問題。

要解決問題，就要先抓住問題的本質，即準確地界定問題。如果連問題都看不清楚，或被干擾迷惑了方向，那想要正確及時地解決問題的可能性真的不大。

一個向著錯誤的方向奔跑的人，跑得越快，跑得越努力，偏離正確的軌道就越遠。

因此，現場管理者在著手解決問題時，應該先界定問題，確定自己是在解決正確的問題，再追求解決問題的效率。以避免用正確的方法解決錯誤的問題，以至於徒勞無功。

3.解決問題要及時

問題找到了，思考方向也界定清楚了，該是著手解決問題的時候了！

可用「5Why」法和系統圖分解法，都是及時解決問題的好幫手。「5Why」法主要針對查找問題的根本原因，系統圖法主要作用於明確問題重點。

還有一種更系統的方法，叫做 PDCA 循環。PDCA 循環法是管理工具中的一種基礎方法，主要是為解決問題的過程提供一個簡便易行的思考方式。它分為四個階段：P(Plan)計劃——界定問題，制訂行動計劃；D(Do)實施——具體實施行動計劃；C(Check)檢查——量化績效，評估結果；A(Action)處理——標準化和進一步推廣。

生產主管在應用 PDCA 循環時，還可以更具體地分解為八個步驟。可參照下面的步驟，逐步對照以解決問題：

第一步：分析現狀，明確問題

第二步：分析問題，尋找原因

第三步：確認原因，分辨主要原因

第四步：思考對策，制訂計劃

第五步：實施計劃，執行對策

第六步：檢查效果，分析差距

第七步：總結經驗，推廣標準

第八步：處理遺留問題，進入下一輪的循環

PCDA 循環實際上是一項工作程序，它的邏輯性合乎任何一項工作。它最大的特點就在於此循環過程並不是運行一次就結束的，它有一種可持續性，每一次循環的結束就是下一次循環的開始。當一個現場問題經過以上八個步驟的循環後，那些遺留問題，就作為一個新的開始，進入下一個循環。如此週而復始，反覆循環。

3 生產現場要合理佈局

合理的生產佈局就是將各個生產要素設置在最佳位置，使得每一個生產要素都能發揮出最大效益。

生產要素的不合理佈局，不僅使品質無法進一步提高，而且還浪費大量的人力、物力，使成本居高不下，削弱了產品的競爭力，在現場中我們常常可以看到一些場面：

· 現場中有一支龐大的搬運隊伍，來回不停地搬運各種材料、成品、設備等東西。

· 為上一趟洗手間，或是為喝一口水，要走上一大段路，花上幾分鐘。

· 一個新機種轉換時，單是移動材料和設備的移動、定位就花費了大量的時間。

· 樓房的第一層為倉庫，第二層為工廠，第三層為宿舍的「三位一體」佈局，一旦失火，非死即傷。

· 各種配線、配管亂拉亂接，三天兩頭地改來改去。以上種種現象，不明白其中奧妙的人，還覺得挺不錯的。表面上看，每一種生產要素都沒閑著，忙上忙下的，都在發揮作用。但細細推敲之下，都有不合理之處，有的甚至妨礙生產效率的進一步提高。

生產現場如何進行合理佈局，其工作重點如下：

1. 佈局改善的目標

⑴提高工序運作能力

①產品在工序內的流動為直線型，儘量避免逆向來回流動。

②流動層次分明，儘量避免與相鄰的正在作業的事物混合、交叉。

③貨物能在最短時間內移動至相應工序，停滯時間處於最小。

④為確保品質，要維持必要的加工、移動、停滯等各步驟。

⑵削減搬運工時

⑶有效利用各種設備資源

①欲利其事，先利其器。在成本允許的前提下，儘量使用高精度的設備。

②能耗大、效率低的設備，儘量給予淘汰更新。

③重視日常維護、保養，使設備一直處於最佳運行狀態。

⑷有效利用空間資源

①重視平面利用，也重視立體利用。

②充分研討最佳擺放、最佳搬運的方式。

⑸有效利用人力資源

①再操作、再移動減至最小。

②步行距離變至最少。

③將機器與人的工作量充分平衡，使空閒、等待變至最小。

④上司可以進行有效的監督和指導。

⑹完備良好的作業環境

①注重作業人員的人身安全，絕不以險取勝。

②滿足作業人員最基本樂於工作的條件。

2.佈局改善的基本原則

⑴統合原則

將所有生產要素有機的銜接起來，組成一個整體。

⑵空間、時間最短原則

用最短的距離、時間，把生產要素移動到位。

⑶順次流動的原則

按產品技術要求，前後兩個工序有序連接。

⑷利用立體空間的原則

盡可能利用建築物內的一切立體空間。

⑸滿足和安全的原則

作業人員工作時能確保自身安全，而且本人對環境也感到滿意。

⑹適變性原則

對各種生產要求都能在最小損失範圍內轉變過來。

3.佈局改善的基本步驟

⑴把握工序所存在的問題點，設定通過改善佈局要達到的目

標

現今工序有什麼樣的問題存在？通過改善佈局後，能解決那些？事先要進行調查，做到心中有數。

⑵確定改善佈局所涉及的具體範圍、對象、時間

改善目標一旦決定之後，盡可能把改善過程中涉及到的範圍、對象、時間落實下來。

⑶確定分析方法，制定計劃

用於改善佈局的分析方法有許多，要選定其中一種有效的方法，如工序分析、工序經過線路分析、技術流程分析、搬運工序分析、近接性相關工序分析等。

⑷把握工序實態，並分析

應該加以確實把握的基本事項有以下幾點：

①製造現場所生產的產品種類及其數量。

②分析工序流動順序。

③作成現場配置圖。

④將工序的流動順序記入配置圖中。

⑤分析搬運工序和搬運方法。

⑥分析各工序近接的必要性。

⑦把握其他必要的事項並分析。

⑸把握現狀佈局的問題點

當實態把握之後，就可以在現狀配置圖、流動線路圖上研討現狀佈局的問題點，可以從以下視點出發來探討問題：

①各工序是否有機地連成一體，並取得整體平衡？

②配置是否移動距離最短？花費時間最短？

③配置能否確保工序順暢流動？

④是否充分利用立體空間？

⑤作業人員是否便於作業？並有安全感？

⑥配置時是否有迴旋餘地？能夠充分應付各種變化？

⑦是否便於搬運和管理上的需要？

也可用後附的《佈局改善檢查一覽表》來找出問題點所在，當然，還要聽取現場作業人員對佈局改善的意見，絕不可只停留在圖紙研討上。

⑹確定改善方案

改善的內容有以下方面：

①改變配置的形式。　　②改變配置的方向。

③改變配置的場所。　　④改變配置的順序。

⑤將配置調近。　　⑥將配置疏遠。

⑦重疊擺放。

⑧除去不用的東西，或替換成其他東西。

⑨其他。

⑺評價改善方案

①當初設定的問題點解決了嗎？

②有新的問題點發生嗎（現在及將來都要考慮到）？

③符合佈局原則的要求嗎？

④實際上能實施嗎（移動、配線、配管、耐負荷等方面沒有問題嗎）？

⑤改善所需的費用和實施效果能否取得一致？

⑥其他。

表 3-1 佈局改善檢查一覽表

	生產管理方面	備註
1	產品品質是否能得以確保？	
2	地面空間是否充分活用？	
3	機械的擺放是否能利用其全部功能？	
4	一個作業人員能否照看兩台以上機械？	
5	機械的設置是否考慮到材料的供給、修繕、維護便於進行？	
6	過道、出入口上的障礙物有無清除？人行道與搬運用的通道是否明確區分？	
7	機械與作業現場是否塗上已得到承認的色彩？	
8	機械週圍是否有充分的預留空間？	
9	機械、設備在運行期間是否發揮最大的效率？	
10	工具房是否設置在拿工具時，步行距離最短處？	
11	機械的運動部位超出通道時，會成為搬運堵塞的原因之一，是否加以清除或對策？	
12	製造現場是否有擴大的餘地？	
13	機器數量和作業現場面積是否取得均衡？	
14	監督者或部門長是否能簡單地監督本部門的全體情況？	
15	機械的配置是否有最大應變靈活性？	
16	是否配有管理用的桌子或小房間？	
17	是否有用標準機械、設備來取代特殊專用的機械？	
18	為確保生產順利進行，是否有進行修繕建築物？	
19	有無採取防止雜訊、粉塵、高溫等侵害人體的措施？	
20	危險的作業是否在隔離開來的位置上進行？	

續表

	建築物、作業環境方面	備註
1	地面負荷是否在限度內？	
2	柱子、牆壁、支柱等場所與擺放物之間是否留有餘地？	
3	配線是否預留一定長度？而且可以進行簡單的機械結合或分離作業？	
4	出入口、安全門等位置的寬度是否足夠？設置地點是否考慮到最大安全性？	
5	人工照明合適否？	
6	是否充分利用自然光？	
7	作業現場的換氣效果是否良好？	
8	是否有考慮到冷氣機裝置？	
9	地面是否平坦？或已校正過水準？	
10	各種動力資源的利用度、費用是否已經研究過？	
11	有否將鄰近工廠傳來的污染降至最低？	
12	工廠有無定期接受保險公司、官方組織等相應的審查？	
13	設備配置時有無考慮到建築物本身的清潔化能夠簡單地進行？	
14	通道、房門的寬度有無考慮到台車、小推車裝滿貨物之後，能夠通行？	
15	房門能夠自動開閉嗎？	
16	建築物的修繕能夠簡單地進行嗎？	
17	對地震、洪水、暴風雨等自然災害的影響，是否平時就有相應的防備措施？	
18	消防器材是否能夠簡單、迅速地運至工廠每個位置？	

續表

	製品設計和設備方面	備註
1	研討配置的形式時，是否以製品為中心而展開的？	
2	有無考慮到製品的特性？	
3	有無考慮到製品變更、改良、再設計時，製造工廠會發生什麼樣的事？	
4	新設備或是附加設備的設置是否妨礙了現行生產？	
5	專用設備確實是製品製造所必需的嗎？能否改用標準設備？	
6	現在的設備能否立刻就改造，並滿足新的生產要求了？	

4 主管如何改善作業現場

要提高生產效率就要佈置作業現場，現場環境的管理就是要確保有一個乾淨、整潔、有序的作業環境，保證生產任務能迅速、正確完成，又能保證作業人員的健康，達到和諧生產的目的。

作業現場佈置的好壞直接影響人員的作業效率，甚至影響現場的安全。所以現場管理者要從影響作業的各種因素出發，做好作業環境的佈置。

1. 合理照明

合理照明是創造良好作業環境的重要措施。如果照明安排不合理或亮度不夠，會造成操作者視力減退，產品品質下降等嚴重後果。所以在生產現場要確定合適的光照度，具體的要點如下。

⑴採用天然光照明時，不允許太陽光直接照射工作空間。

⑵採用人工照明時，不得干擾光電保護裝置，並應防止產生頻閃效應。除安全燈和指示燈外，不應採用有色光源照明。

⑶在室內照度不足的情況下，應採用局部照明。照明光源的色調，應與整體光源相一致。

⑷與採光的照明無關的發光體(如電弧焊、氣焊光及燃燒火焰等)不得直接或經反射進入操作者的視野。

⑸需要在機械基礎內工作(如檢修等)時，應裝設照明裝置。

各種照明器具必須安全使用，一旦發現有異常應及時維修或更換。此外，為提高照明亮度，照明器具要經常擦洗，保持清潔。

2. 加強通風

加強通風是控制作業場所內污染源傳播、擴散的有效手段。經常採用的通風方式有局部排風和全面通風換氣。

⑴局部排風，即在不能密封的有害物質發生源近旁設置吸風罩，將有害物質從發生源處直接抽走，以保持作業場所的清潔。

⑵全面通風換氣，即利用新鮮空氣置換作業場所內的空氣，以保持空氣清新。

3. 擺放好設備

各種機器設備是作業的重要工具，由於其佔據區域較大，所以必須要合理佈局，並擺放好。具體的操作要點如下。

⑴技術設備的平面佈置，除滿足技術要求外，還需要符合安全和衛生規定。

⑵有害物質的發生源，應佈置在機械通風或自然通風的下風側。

⑶產生強烈雜訊的設備(如通風設備、清理滾筒等)，如不能採取措施減噪時，應將其佈置在離主要生產區較遠的地方。

⑷佈置大型機器設備時，應留有寬敞的通道和充足的出料空間，

並應考慮操作時材料的擺放。

⑸各種加工設備要保持一定的安全距離，既保證操作人員具有一定的作業空間，又避免因設備間距過小而產生安全隱患。

4.改善工作地面

工作地面即作業場所的地面，在進行現場佈置時，必須保證地面整潔、防滑，具體的改善要點如下。

⑴工作地面(包括通道)必須平整，並經常保持整潔。地面必須堅固，能承受規定的荷重。

⑵工作附近的地面上，不允許存放與生產無關的障礙物，不允許有黃油、油液和水存在。經常有液體的地面，不應滲水，並設置排洩系統。

⑶機械基礎應有液體貯存器，以收集由管路洩漏的液體。貯存器可以專門製作，也可以與基礎底部連成一體，形成坑或槽。貯存器底部應有一定坡度，以便排除廢液。

⑷工作地面必須防滑。機械基礎或地坑的蓋板，必須是花紋鋼板，或在平地板上焊以防滑筋。

5.注意人機配合

人是現場作業的主導，所以在現場佈置中，不僅要將各種機器設備佈置好，還應注意人、機結合，充分提高效率。

具體在實施人機配合時，應做好以下工作。

⑴工位結構和各部份組成應符合人機工程學、生理學的要求和工作特點。

⑵要使操作人員舒適地坐或立，或坐立交替在機械設備旁進行操作，但不允許剪切機操作者坐著工作。

⑶合理安排人員輪班，保證作業人員得到充分的休息。

5 使用數據來精確管理

西方有一句廣為流傳的諺語：「除了上帝外，我只相信數據。」因為數據是科學，是最好的標準，它代表事實，代表精度。

一、生產管理就是管數據

在精細化管理實施過程中，生產主管要盡可能通過使用數據，使班組制度、標準、規則簡單明瞭，可操作性強。例如，關於產品保質期，「常溫下保質六個月」，就沒有「5℃～25℃保質六個月」說明得清楚。

數據是最基本的班組管理工具，也可以說，生產管理就是管數據。

數據可以分為數字數據、圖文數據兩大類型。數字數據最常見，在班組管理中應用也最為廣泛，但圖文數據在一定的環境中有特殊作用，數字數據，如「提高產量 10%，成本下降 1%」等。

圖文數據，就是一些圖片資料，有些情況下圖文數據比數字數據更直觀、更有說服力。比如由於各種各樣的事故、意外造成班組停工，這個時候把現場拍攝下來留檔備查。對於分析事故原因，為上級處理提供依據，大有益處。因為圖片是第一時間拍攝的，沒有任何人為變動的痕跡，所以說服力最強。

對員工作業動作進行拍攝，然後觀察、對比、發現不足，進而尋找改善的方法，可以使操作變得更加合理，避免不必要的動作浪費。

目視管理手法應用可以讓潛在問題顯著化，使班組員工一看就懂，一學就會，對班組管理的改善很有好處。尤其是花費不多的管理看板的應用，更是班組提高效率、避免差錯的強大手段。

這些也都是圖文數據在管理中的應用。

班組數據管理最主要的目的是通過對統計數據的分析對比，找出存在的不足，改進提高。

企業對這些數據有一個最基本的的要求，那就是真實，絕不容許有半點虛假。

有一位工廠主任深有感觸地說：「真實是班組數據的生命，但在執行中卻遇到很大的困難，主要原因是由於年長月久的例行工作，員工易產生疲遝心態，導致採集、記錄不正規。」

技術中的參數記錄要求很嚴格，因為對它的控制直接關係到產品的品質。由於天天做重覆的工作，日久生厭，有的員工就想了一個應對的方法，他根據自己的記錄經驗，確定一個基本的數值，然後每天不到機器旁去看，只簡單對這一數值作上下浮動即填寫在記錄本上。為了督促員工認真做好記錄，防止弄虛作假，工廠主任、班長不得不時常抽查。

二、生產現場的數據化管理

1. 用數據明確要求，讓員工知道怎樣做是正確的

如，焊接厚度在 1.8～1.9 毫米之間。

2. 用數據明確標準，讓員工知道做到什麼程度是正確的

如，員工每月請假次數不得高於 1 次。

3. 用數據明確目標，讓員工知道向何處努力

如，今年班組產量要比去年提高 15%。

4. 用數據評估執行，讓員工知道計劃完成情況

如，原計劃單件產品用電 6 度，結果統計顯示，近段時間單件產品用電 5.5 度，比原計劃節約了 0.5 度電。

某鍋爐班認識到工廠澡堂的用水量偏大，有一定程度的浪費，因為每個員工平均每月用水達到 5 立方，大大超過月用水 3 立方這一原計劃，員工認為這裏面有改進的空間。於是他們著手解決這個問題，經過實地觀察，數據記錄，他們找到了四個可能的浪費點：

⑴溢流浪費：員工在向水槽內加水時，由於裝置老舊，不小心就會出現這邊加，那邊冒的現象，導致水白白地流掉。

⑵單人放水浪費：工廠員工洗澡時間不統一，每個員工來洗澡時都把水管裏的冷水放掉，造成不必要的浪費。

⑶長時洗澡浪費：很多員工洗澡都洗很長時間，甚至有個別員工能洗 2 小時以上，洗的時間長，自然用水就多。

⑷洗衣服浪費：有些員工把換洗衣服拿到澡堂內洗，這也增加了用水量。

解決辦法：

⑴溢流浪費：更新裝置，其實只花了幾十塊錢。

⑵單人放水浪費：規定統一的開放時間：下午 16：40～17：40。

⑶長時洗澡浪費：向員工做好宣傳、解釋工作，要求員工洗澡時間以 15 分鐘為宜，最長不能超過 20 分鐘。大部份員工都能理解這一

規定，並能很好地執行。同時，指定一名員工負責監督，發現有員工洗澡超時給予提醒，情節嚴重的做好記錄，報工廠處理。

這一項，現在鍋爐班解決的不是很到位，最好的辦法是在每一個水龍頭上都安裝計時器，到一定時間自動停水。這是特別有效的措施，投入也不是很大。

⑷洗衣服浪費：在醒目處貼出通知，嚴禁員工在澡堂洗衣服，違者處理。在澡堂洗衣服，員工本來就有點不好意思，沒有說破時，大家就抱著僥倖的心理，好像沒有人看見，一旦有明確的規定，個個都能遵守。

通過以上措施，該班成功把單個員工的月用水量由 5 方降低到 3 方，帶來了可觀的效益。

5. 利用數據進行作業排序

作業排序是有計劃開展生產的基礎，要採用簡明、實用的方法做好這項工作。利用數據進行分析、比對後再對作業進行排序就是一個相當不錯的辦法。

⑴單台設備上的作業排序方法

單台設備上的多個工件作業排序是最簡單的排序問題，是班組生產、加工時經常面對的。班組在安排生產時有多種多樣的方法可供選擇，這樣加工順序就不一樣。儘管整批零件的完工時間不會因為加工順序的改變而改變，但是不同的加工順序安排會導致各單個工件的完工時間發生顯著變化，從而影響工件的交貨期，所以班組根據各方面情況挑選合適的排序方法就非常重要。

⑵多台設備上的作業排序方法

現在很多公司都面臨產品小批量、短交期的情況，反映到班組，就是經常遇到要把幾件產品在不同的設備上進行順序合理的加工。做好這一工作，需具備基本的排班能力，這樣才能安排好生產，保證準時交貨。

每一個班組技術條件、生產狀況都有差異，安排生產日程表的要求也不一樣，但有一點要求是共同的，那就是對生產日程的安排必須能保證不窩工，達到最大化效益的人機配合。

①滿足顧客或下一道工序作業的交貨期。

②流程時間最短。

③在製品庫存最少。

④設備和工人的閒置時間最短。

6. 利用數據控制技術，切實保持產品品質

員工可以利用一些簡單的數據管理技巧，對產品品質進行控制。如，班組應對生產中出現的廢品(或不合格品)進行掌控，先要調查造成廢品的項目及這些項目所佔的比率大小。把預先設計好的表格放在生產現場，讓班組員工隨時在相應的欄裏面畫上記號，填寫數據，下班時做好統計，就可以及時掌握情況。

一個週期(一般為 1 個月)，班組要對收集到的數據匯總，列出產生廢品的原因，並在考慮解決難易程度的情況下，採取應對措施。

表 5-1　不合格品項目調查

日期	操作者	投料量	產量	廢品量	廢品率%	廢品項目							
						1	2	3	4	5	6	…	其他
月　日													
月　日													
月　日													
合計													
備註													

試以某班組一個週期的廢品統計分析為例來說明，在著手解決這些問題時除了應考慮廢品項目所佔的比率大小外，還需考慮改進的難易度，比如由於加工精度造成的廢品率高達 42%，這應該優先解決，但解決這個問題必須更換設備，投資巨大，顯然這不是班組能夠做得到的。而由於油漆造成的廢品比例雖只有 17.1%，但只需對技術稍加改進或班組員工操作更細心一些就可以解決這個問題，班組完全能夠做到。

表 5-2　廢品統計分析

原因	不合格件	比率(%)	ABC 分類	備註
精度	37	42.0	A 類	
組裝	22	25.0		
油漆	15	17.1	B 類	
電鍍	8	9.1		
變形	4	4.5	C 類	
其他	2	2.3		
合計	88	100		

下列是添加了難易係數後的廢品統計分析表，難易係數由班組根據實際改進難易情況確定，班組根據此表能夠更及時、更到位地做好改進工作。

表 5-3　增加難易係數後的廢品統計分析

原因	不合格件	比率(%)	ABC 分類	易改進係數	總分	重新排序
精度	37	42.0	A 類	0.1	4.20	4
組裝	22	25.0		0.5	12.50	2
油漆	15	17.1	B 類	0.9	15.39	1
電鍍	8	9.1		0.6	5.46	3
變形	4	4.5	C 類	0.5	2.25	5
其他	2	2.3		0.5	1.15	6
合計	88	100				

由以上統計分析可以看出，該班組應首先解決油漆導致的廢品問題。

7. 透過數據看到數據背後的現狀，找到班組管理漏洞

在班組日常管理中，可以通過採集數據、分析數據，找到班組管理改進的新途徑和新方法。

做好班組數據管理的三個基本要求：

⑴把數據作為班組管理中最好的手段，注意原始數據的收集工作。收集數據的基本要求：真實、準確、及時。

⑵對比較龐雜的數據要做好歸類、整理工作。

班組數據分類的方法很多，例如按管理的類型、按組別、按產品品種等。班組可以根據具體情況選擇一種，按管理的類型是最常用的分類方法。

按管理類型，班組數據可以分為：技術數據、產量數據、質量數據、設備管理數據、成本數據等。

其中技術數據又可以按照下列的標準分類：

①按不同的時間分

· 標準：不同的時間、不同的班次等。

②按操作人員分

· 標準：性別、文化程度、技術等級、工齡等。

③按使用設備分

· 標準：不同的型號、不同的工裝夾具、新舊程度等。

④按原材料分

· 標準：不同的規格、型號、供應單位、成分等。

⑤按檢測手段分

· 標準：不同的檢測人員、不同的檢測儀器等。

在分類的基礎上，還要做好班組數據的歸檔、整理工作，一個類型的數據可以按照時間的先後順序匯總，1 個月或 1 個季為一個考查期。

⑶通過數據的對比、分析，發現問題，找到解決問題的方法，使工作不斷的改善，這是數據化管理的根本目的。

圖 5-1　數據管理基本流程

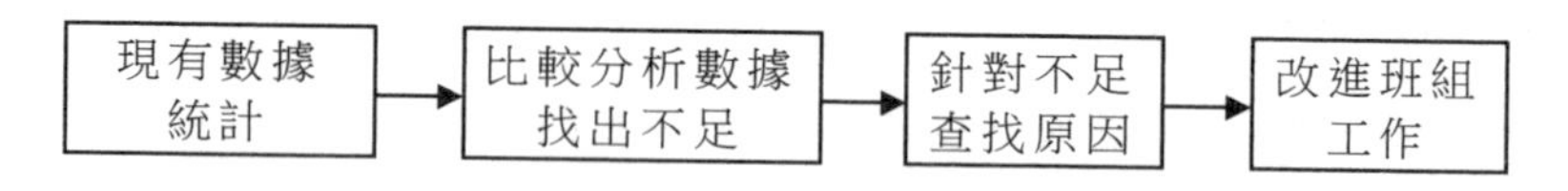

6 現場工作前，主管要先開會溝通

一、召開現場會議的意義

俗話說：「一日之計在於晨。」班前會是生產現場一天工作的開始，一天的工作怎麼做，怎麼分工配合、協同作戰，事先都必須策劃好，並做合理安排。

班前會是指利用上午上班的前 5 分鐘～15 分鐘的時間，全體員工集合在一起，互相問候、交流信息和安排工作的一種管理方式。

班前會在很多企業推行的時候，都存在以下的偏失：

①誰有沒有來，一看就知道，何必開早會呢？

②把指示傳達到位就行了，何必開早會？

③聽那麼多與我無關的事，浪費時間。

④在告示板上張貼就行了。

⑤這麼短的時間，什麼事也說不清楚。

⑥開早會的時間，可以多做好幾個產品呢！

存在上述偏失的根本原因，是因為沒有認識到班前會在現場管理中佔有重要的位置。班前會是人員點到、活動發表、作業指示、生產總結、喚起注意、培訓教育及信息交流的場所。也正是因為班前會在現場管理中佔有重要的位置，所以即使佔用了工作時間，也要堅持實施。

主管在現場工作開始前，應高效率地召開班前會，對人員培養和建設具有重要意義，其具體表現在以下方面：

1. 有序安排，提高工作效率

班前會是一個系統交流的機會，主要講昨天的問題和今天的任務。主管在總結問題時要讓大家知道問題的責任人是誰、產生的後果如何，目的是教育他人和防止事故的發生；佈置任務時最好用量化的指標，使大家明確任務，變被動為主動。

主管應充分利用每天班前會的機會，把事前策劃好的工作，結合接班時的實際狀況，向全員佈置，這樣能降低溝通成本，使大家上崗時目標明確，達到節省時間和提高效率的目的。

2. 傳達信息，保持良好溝通

一線員工長期工作在生產第一線，班前會是他們瞭解公司動態的重要管道。

3. 增強集體觀念

生產線成員長期在一起開班前會，能帶來的歸屬感，這有利於提高生產線成員對班組的認同度，強化他們的集體觀念，增強他們的自我約束能力。

4. 引導良好的工作習慣

班前會是一個很好的現場「說教」場所，利用每天的班前會扶正壓邪，寓教育於說教之中，能使員工逐步糾正不良行為，養成良好習慣。

5. 培養良好的風氣

利用班前會持之以恆地進行員工教育，良好的工作習慣由個人到群體，積少成多就會逐步形成積極向上的風氣，形成人才培養的良性土壤。

理解了高效率班前會的目的和意義後，主管務必要掌握召開現場班前會的技巧，提高班前會的品質和效率，以便高質、高效地做好現場工作。

二、現場會議召開目的

高效率現場班前會有四大主要目的：營造工作氣氛、進行工作安排、員工教育指導及傳遞企業信息。

1. 營造工作氣氛

上班剛開始時，員工難免還停留在鬆弛、注意力不集中的自由「休息」狀態。現場班前會的第一大目的就是要使全員的身體和心理都快速進入工作狀態，創造適度的工作緊張感。

2. 進行工作安排

當天的工作任務、目標、人員調配、注意事項等工作安排是現場班前會內容的主體，應通過明確、具體的工作指示，使當天工作能夠有序地進行下去。

3. 員工教育指導

班前會是召開頻率最高、參與人員最廣的日常工作會議。昨天出現的問題、今天要注意的事項，都可利用現場班前會來對員工進行指導和教育，持之以恆，不僅能提高員工的王作意識，而且能培養良好的工作風氣。

4. 傳遞企業信息

班前會還是上傳下達的重要途徑。主管可利用現場班前會向員工傳遞行業方向、企業動態、業務信息、管理要求等必要的企業信息，使員工的個人工作目標和企業經營目標達到一致。

三、現場班前會召開的內容

現場班前會要講解的內容主要包括：企業經營動態、生產信息、品質信息、現場 5S 狀況、安全狀況、工作紀律、風氣以及聯絡事項。當然，並不是每天都需要面面俱到，而是要根據當天現場的實際情況列表以確定當天要講的主要內容。

順序	內容	主持人	大致時間
1			
2			
3			
4			

通常而言，現場班前會包括以下幾個方面的內容：

1. 齊唱廠歌、朗讀經營理念

根據企業要求，由值日員工領唱廠歌、領讀企業經營理念。如果企業沒有要求，這一項也可以不進行。可以根據階段性工作的重點，設計相關的內容由值日者領讀。例如：在生產旺季抓品質時，以「品質從小做起」為口號，這樣可以營造抓品質的氣氛。

2. 分享個人感想

由值日員工與大家分享個人的工作經驗、心得體會、自我反省、工作建議等。要求值日員工的講話內容必須主題明確、表達完整，時間至少要 2～3 分鐘。讓員工輪流主持班前會，給予員工總結經驗、表達意見和建議的機會，這是班組管理的有效途徑，有利於提高員工的工作意識和凝聚力。

3. 工作總結

由班前會主持者請出班組長講話。首先要對頭一天的工作進行總結。總結頭一天的工作，可以從以下幾方面進行：有沒有未完成的任務，有沒有未達到的目標，有沒有事故和異常，現場有那些變化點，以及上述情形帶來的反省和要求等。

4. 工作安排

安排當天工作是現場班前會的重點內容，主要包括：今天的生產計劃、工作目標、任務分配、人員調配等。在現場佈置工作時要做到清楚明確，不要含糊其辭造成混淆，講到具體員工的工作安排時要注視對方，確認對方反應，確保對方理解到位。

5. 工作要求

根據昨天的情況和今天的安排，應該明確提出對大家的要求和期望，包括：時間要求、工作品質要求、工作配合要求、遵守紀律的要求、及時聯絡的要求等。

6. 企業相關信息

根據不同階段的實際情況，在必要的時候應向員工傳遞企業的相關信息，使員工瞭解生產大局，更好地理解和接受工作要求。企業的相關信息包括：市場和行業動態、客戶要求、企業經營情況和發展方向、正在和即將開展的管理活動等。

班前會結束之前，不要忘記問一句：「請問大家還有沒有其他事項？」如果有，就請提議的員工補充說明一下，這樣，可以避免該通知的沒通知、該提醒的沒提醒的情況的發生；如果沒有，即可宣佈結束班前會。

7. 與員工進行溝通

現場員工的作業進度如何、是否存在異常、是否有人員的異動等都是現場管理的重點，而要獲取這些信息就要與員工做好溝通，並做好溝通不良的改善活動。

・明確溝通目標

由於現場管理的工作任務繁雜，在進行溝通前必須要確定溝通目標，作為現場主管，應該明確自己想幹什麼及自己的目標是什麼。只有目標明確，才可找出最佳方法。

・會議溝通

為了提高溝通的效果，激發員工的積極性，可以定期召開生產現場會議，對各種問題進行集中討論解決。以下是進行會議溝通的要點。

⑴開會之前分發會議所需資料，收集整理需要解決的問題。

⑵讓員工積極參與，對相關問題提出自己的見解。

⑶控制好會議時間，以免陷入會議開了問題卻絲毫沒有解決的偏失。

⑷明確決定了的事項，分別進行實施、明確期限。

⑸重點對會議的決定事項進行情況追蹤，確保問題得到真正解決。

四、現場班前會召開的要點

為了高效率地召開現場班前會，應注意以下 5 個要點。

1. 主管要充分準備

⑴輪值員工

①要讓員工認識到主持現場班前會是工作的一部份，所以必須提前做好每個月的班前會輪值表。

②要事先動員、事先準備，班組長應該提示、引導、幫助員工總

結經驗，必要時指導員工養成書面整理的習慣。

③要言傳身教，帶領員工克服心理障礙，提高表達能力。長此以往，員工的總結能力及提建議的能力也會逐步提高。

⑵勤能補拙

為了開好班前會，班組長工作時要做到細心觀察、敏銳感觸、深入思考、認真總結。每天工作結束後，在填寫工作總結的同時，班組長應該確定第二天的工作重點，理出第二天班前會要講的內容和要點，必要時用筆記本或便條記錄好，以防召開班前會時疏漏。

2. 整隊

⑴確認出勤

該點名時要點名。點名便於確認本班組人員到會情況和出勤情況。

⑵規定站姿

「站如松，坐如鐘。」站怎麼站，坐怎麼坐，手怎麼放，頭怎麼擺，眼往那兒看，都應該有具體的要求，避免出現隊形歪歪扭扭、人員交頭接耳等影響班前會氣氛的形象。

為了製造適度的工作緊張感，使大家儘快進入工作狀態，可以由值日員工或班組長先進行整隊，再開始召開班前會。

3. 問候及回應

問候語要設計成大家容易回應的方式，逐步形成一種規範。例如，早上開班前會，班組長出來問候一句：「各位，早上好！」（剛毅、有中氣）全員回應：「早——上——好——！」（整齊有力，朝氣蓬勃）講話結束時，班組長一定要道一聲：「謝謝！」需要提醒的是，如果是班後會，班組長講話時應該先道一聲：「辛苦了！」

4.表達要點化

現場班前會的時間短、內容多，因此佈置工作要清楚、下達任務要準確，要使全員理解到位，儘量采用要點化的表達方法。這樣，說的人容易說完整，聽的人容易聽確切。

5.公眾表達

主持班前會、安排工作是一種公眾表達，其基本要求是：鎮定大方、吐字清晰、聲音洪亮、要點明確，顯示出精神飽滿、精力充沛、積極樂觀、朝氣蓬勃的精神風貌。

講話的人充滿激情，才能激發成員的工作激情；講話的人有氣無力，聽眾也必定提不起精神。

6.充分利用班前會進行禮儀教育

良好的工作氣氛、相處的喜悅能使每個人都如沐春風，正所謂「微笑的環境，微笑的心情」。長此以往，成員必將養成有禮有節、善解人意、友好相處的好習慣，形成輕鬆、和諧、善意和積極向上的人際關係。

7.增強工作的緊迫感

出勤、列隊，齊聲歌唱、鏗鏘朗讀，批評與表揚、分享與激勵，通過班前會讓成員有所思、有所動，使大家有意識地去工作，瞄準目標，信心百倍地投入到一線生產中去。

8.揚善棄惡、形成好的風氣

有「惡」不抑，必然帶來邪氣上升、風氣變壞的後果；有「善」不揚，則會使班組正氣不足、激勵無效、人心不穩、負面增長。

班前會人員參與面廣、召開頻度高，是進行全員教育的重要陣地，要充分利用班前會壓制歪風、弘揚正氣，揚「善」棄「惡」。

隨著班前會活動的深入開展，遵守的意識、執行的意識、溝通的意識和團隊的意識必將根植於員工的心靈深處，從而形成良好的班組風氣。

9. 全員學習，智慧經營

員工每天面對複雜、繁重的工作，會有很多的畏難情緒，會碰到許多新問題、新變化。通過班前會這個平臺來集中學習、互動分享，不失為一種簡單高效的好方法。通過高效率的班前會，使全體員工都有機會分享經驗、發表建議，為班組管理和班組建設群策群力。

各生產例會的具體說明

類型	時間	地點	主持	參與人員	會議內容	注意事項
班前會	交接班前	生產工廠	交接班班長	生產負責人，交、接班的班組長	聽取上一班班組長的工作介紹，及重要問題情況；接班組長長對本班工作的安排和分工	交接人員必須參加
生產碰頭會	交接班之後	調度會議室	調度長	各部門的生產負責人	生產負責人提出要求，當班調度長做簡單的情況介紹，並聽取基層人員的意見	簡潔精練，一般不超過半小時
生產調度會	根據生產情況安排	同上	總生產調度長	各部門的生產負責人	明確生產進度、技術指標的完成情況，對具體情況進行分析，提出問題解決措施，限期解決	各公司根據生產情況召開，類似生產碰頭會
生產平衡會	月末、月初或月中	同上	總生產調度長	廠長、工廠負責人和各部門負責人	落實計劃安排，進行平衡，根據生產計劃的完成情況對計劃進行修正，與實有生產能力進行新的平衡	修正後的計劃作為原生產計劃的補充
事故分析會	發生事故之後	會議室	調度長	事故發生單位的相關人員	查清事故原因，明確事故責任，確認事故性質，估算損失，吸取教訓，制定預防措施	要有相關根據，尊重科學，決不可憑主觀臆斷

7 工作崗位的交接要清楚

交接班是指上一班的生產作業人員在結束生產作業時，將生產任務移交給下一班的生產作業人員的過程。下一班的生產作業人員再對交接內容進行檢查後方可接班。交接班中所要交接的主要內容有生產報表、設備狀況、技術品質情況、安全生產狀況、現場 5S 管理情況等。

為了嚴格控制交接班過程，明確交接班雙方的責任與義務，避免責任不明，保證安全生產的順利進行，企業在對交接班進行管理的過程中，應對以下關鍵問題進行分析。

生產現場的交接班人員應做好交接班工作，將重要信息準確、及時地傳遞給接班人員，使得待辦事項能快速、持續地完成。在進行交接班時，交接班人員應遵循以下管理要求。

現場管理須嚴格崗位交接班制度，做好崗位工作銜接，確保安全、均衡地如期生產。

1. 交班要求

⑴交班前要求：一小時內不得任意改變負荷和技術條件，生產要穩定，技術指標要控制在規定範圍內，生產中的異常情況得到消除。

⑵設備要求：運行正常、無損壞，無反常狀況，液(油)位正常、清潔無塵。

⑶原始記錄要求：認真清潔，無扯皮，無塗改，項目齊全，指標

準確；巡迴檢查有記錄；生產概況、設備儀錶使用情況、事故和異常狀況都記錄在記事本(或記事欄)上。

⑷其他要求：為下一班儲備消耗物品，工器具齊全，工作場地衛生清潔等。

⑸接班者到崗後，詳細介紹本班生產情況；解釋記事欄中寫到的主要事情；回答提出的一切問題。

⑹三不交：接班者未到不交班；接班者沒有簽字不交班：事故沒有處理完不交班。

⑺二不離開：班後會不開不離開工廠；事故分析會未開完不離開生產工廠。

2.接班要求

⑴到崗時間：接班人應提前 30 分鐘到達工作崗位。

⑵到崗檢查項目：生產、技術指標、設備記錄、消耗物品、工器具和衛生等情況。

⑶班前會時間：提前 20 分鐘。

⑷參加班前會要求：聽取交班值班主任介紹生產情況；接受本班值班主任工作安排；彙報到崗檢查到的問題。

⑸接班要求：經進一步檢查，沒有發現問題；及時交接班；並在操作記錄上進行簽字。

⑹接班責任：崗位一切情況均由接班者負責；將上班最後一小時的數據填入操作記錄中；將技術條件保持在最佳狀態。

⑺三不接：崗位檢查不合格不接班；事故沒有處理完不接班；交班者不在不接班。

3.交接班管理的流程步驟如下：

步驟 1：接班人員應提前______分鐘到達工作現場，對本崗位所負責的工作範圍進行巡檢，然後閱讀「交班工作報表」及「交接班記錄本」。

步驟 2：接班人員在接班前______分鐘到達交接班室或指定交接班地點，與交班人員進行交接班會議；交接班會由班組主持，接班人員和交班人員參加。

步驟 3：交接班會開完後，接班人員到崗位接班，交班人員將已簽字的交接班記錄本、報表和工具和防護用具交於接班人員，交接雙方應就前一班的工作情況進行交底。

步驟 4：接班人員確定接班手續符合要求後方可在交接班記錄本上簽字，簽字後交班人員才能離開。

4. 班前會程序

⑴參加人員：交接班雙方的值班主任；接班的全體人員；白班交接時要有一名工廠主管參加。

⑵參會人員必須穿戴工作服、工作帽。

⑶提前 20 分鐘點名、開會。

⑷交班值班主任介紹上班情況：生產、技術指標、設備使用、異常情況及事故、目前存在的問題等。

⑸各崗位彙報班前檢查情況。

⑹接班值班主任安排工作。

⑺工廠主管指示。

5. 班後會程序

⑴參會人員：交班者全體，白班交班時要有一名工廠主管參加。

⑵班後會時間：崗位交班後召開。

⑶各崗位人員介紹本班情況。

⑷值班主任綜合發言。

⑸工廠主管指示。

6. 檢查與考核

⑴工廠主管每日檢查一次。

⑵公司有關部門監督檢查。

⑶公司紀律檢查委員會和生產技術部門不定期檢查。

⑷納入責任制考核。

8 工廠交接班管理辦法

為了加強工廠管理，嚴格執行交接班程序，保證生產過程不受交接班影響，企業需制定工廠交接班管理制度。

第 1 章　總則

第 1 條　為了規範工廠生產現場連續工作崗位的交接班管理工作，提高班次交抉的速度與品質，避免因交接班造成現場生產事故或失誤，特制定本制度。

第 2 條　本制度適用於工廠現場連續工作崗位的交接班管理工作。

第 3 條　各部門的職責劃分如下。

1. 生產部經理負責審批交接班管理制度並監督其執行情況。

2. 工廠主任、調度主管負責交接班制度和計劃的制訂和實施工作，並監督班次交接程序，不斷改進排班表。

3. 班組長負責班次交接的實施與管理工作，處理交接過程中發生的事件。

4. 各班組操作人員按照規定進行班次交接，完成交接任務。

第 2 章　班前會管理

第 4 條　班前會的召集規定如下。

1. 交接班雙方的值班班長、接班的全體人員必須參加，白班交接時要有一名工廠主管參加。

2. 參會人員必須穿戴工作服、工作帽，嚴禁穿高跟鞋和帶釘子的鞋。

3. 提前 20 分鐘點名。

第 5 條　班前會的內容具體如下。

1. 交班值班班長介紹上一班情況，包括生產情況、技術指標·設備使用情況、異常情況及事故、目前存在的問題等。

2. 各崗位彙報班前檢查情況。

3. 接班值班班長安排工作。

4. 工廠主管作出具體指示。

第 3 章　接班管理

第 6 條　接班前準備規定如下。

1. 接班人必須提前 30 分鐘到崗。

2. 檢查生產、技術指標、設備記錄、消耗物品、工器具和衛生等情況。

3. 提前 20 分鐘召開班前會。

第 7 條　接班人進一步檢查，沒有發現問題應及時交接班，並在操作記錄上簽字。

第 8 條　崗位一切情況均由接班者負責，接班人應將上一班最後一小時的數據填入操作記錄中，並將技術條件保持在最佳狀態。

第 9 條　遵守「三不接」原則，即崗位檢查不合格不接班、事故沒有處理完畢不接班、交班者不在不接班。

第 4 章　交班管理

第 10 條　交班原則主要有以下兩條。

1.「三不交」原則，即接班者未到不交班、接班者沒有簽字不交班、事故沒有處理完畢不交班。

2.「兩不離開」原則，即班後會不開不離開、事故分析會未開完不離開。

第 11 條　交班前的準備工作具體如下。

1. 一小時內不得任意改變負荷和技術條件，生產要穩定，技術指標要控制在規定範圍內，生產中的異常情況應及時消除。

2. 檢查設備是否運行正常。

3. 認真做好原始記錄、巡迴檢查記錄。生產概況、設備儀錶使用情況、事故和異常狀況均應記錄在記事本上。

4. 提前為下一班儲備消耗物品。

5. 接班者到崗後，交班人需詳細介紹本班生產情況，解釋記事欄中記錄的主要事情，回答接班人提出的一切問題。

第 12 條　班後會的召開規定如下。

1. 全體人員要參加，白班交班時必須有一名工廠主管參加。

2. 交班後應準時召開班後會。

第 13 條　班後會內容主要有以下幾項。

1. 各崗位人員介紹本班情況。

2. 值班主任進行綜合發言。

3. 工廠主管作出具體指示。

第5章　交接班檢查與考核

第 14 條　交接班問題處理規定如下。

1. 各工廠負責交接班管理工作，若交接班過程中發現問題則由雙方班組長協商處理。

2. 意見不統一時，由工廠主任裁決後執行，重大問題要向生產部報告。

3. 交接班中出現的各相關問題及其解決方案均需詳細、真實地記錄下來。

第 15 條　未做好交接班手續即離開崗位，扣除當事人的當天薪資。

第 16 條　如在交班記錄中有意隱瞞事故，由此產生的後果由交班者負責，交接班後發生的事故由接班人員負責。

第 17 條　接班時未仔細查看有關記錄即開始生產，由此產生事故的責任由接班者負責。

9 發生不良品先別慌

斬除不良品，原本就是生產管理工作的一部份，經歷的越多，經驗越能得到積累；管理能力越能得到提升。開拓進取的態度是作為優秀的管理人員必備的條件之一，在生產線碰到不良品時，具體的工作重點是：

1. 確認不良品發生的現象和程度

絕不可將來自下面的報告，原封不動地轉手向上「倒賣」，讓上一級管理人員來替你確認，要自己動手、動眼、動腦，到現場搞清楚以下項目：

⑴是什麼樣的不良？有什麼現象？

⑵發生率多少？在那發生的？在那些機種上發生？

⑶什麼時間發生的？

2. 聯絡相關部門，制定緊急對策

突發性的不良，能夠自己處理的立即處理，處理不了的，要懂得借助其他部門的力量來解決。換言之，要懂得叫「救命」，叫得越大聲、追得越急，得到的幫助也就越多。不要厭惡跑腿求人，這本來也是工作的一部份。許多遠離現場的部門，很難體會得到現場的苦衷，你不猛追他們，就別指望能獲得幫助。

同一種不良現象，原因卻可以多樣的，有的可以借助以往的經驗，一眼看穿，有的要依靠解析手段來找出原因，解析時，一般要遵循以下步驟：

第一步：再現不良現象

盡可能從多方面觀察不良現象，如有數據則記錄下來。

第二步：調查原因

①模擬法。使用相同組合的生產要素，確認能否導致同一不良現象。

②配對法。將生產要素按一定的條件進行組合，確認那種組合出現相同不良。

③排除法。將生產要素逐個進行替換，當替換到不良消失時，多半是該生產要素引發的不良。

④對比法。將良品與不良品進行比較，找出其中差別之處，這種差別很可能就是造成不良的原因。

以上這些方法只不過是將導致不良的生產要素找出，為對策鋪墊了基礎，但這還不夠，還要給予反證才行，尤其在理論計算時，要注意以下事項：

①盡可能使用高精度的測試儀器測取數據。

②審圖、讀取數據時不偏不倚，不人為地改動數據。

③運算公式、方程式時，再三確認有無代入錯誤。

當不良原因查明之後，便要進行對策，不良對策不是簡單地下一道加工、選別、修理的指示，而是要制定整體的挽救方法、日程、擔當者。

(1)以材料為線索，展開對策

A. 單品材料怎麼處理？

B. 半成品怎麼處理？

C. 成品怎麼處理？

D.已銷售到市場的怎麼處理？

以上項目，數量有多少？什麼時候開始處理？誰來負責擔當？在那處理？等等都要確定下來。

⑵以時間為線索進行對策

A.新設定的 4M 要素什麼時候開始實施？

B.不良品什麼時候處理完畢？

C.良品什麼時候能出貨？

以上項目，數量有多少？什麼時候開始處理？誰來負責擔當？在那處理？等等都要確定下來。

⑶以作業方法為線索，展開對策

A.工序內用什麼新的作業方法？

B. QC 增添什麼新的檢查方法？

C. QA 更改什麼規格？

以上項目，數量有多少？什麼時候開始處理？誰來負責擔當？在那處理？所有這些都要確定下來。

當發生大量不良品時，甚至要考慮暫停生產，優先處理不良品。如果不良品的處理費用，遠遠超過重新製造一台新品的話，那不妨考慮將不良品廢棄處理還更好些。不良品的識別管理也是相當重要的一個項目，一不小心就會產生二次不良。

3.確認對策效果，防止二次再發

防止二次再發與不良品對策同等重要。不要以為對策後就萬事大吉，天下太平。有的不良品僅靠一次對策還不能絕跡，如果你不再跟進的話，下次再發，挨老闆罵的可就只有你一個人了！

現場中大大小小的不良品有許多，是不是所有的不良品都要立即進行對策呢？不是的，只要先抓住佔不良率 80%的頭幾位就不錯了，而其他小的不良品，可任其「自生自滅」。

總之，在一定意義上說，管理能力就是在在不良品的過程中得以提升的，管理能力的高低與否，其判定標準之一，就在於不良品是否再出現。

10 現場分析的技巧

在生產現場管理過程中，經常會遇到各種各樣的問題。這時，只要多問幾個為什麼，就會找到問題的所在，解決問題的方法也就盡在掌握之中。

5W2H 法是一種綜合性的分析方法，它可以用來檢查現場管理是否合理，以發現應改善的地方，也可用來指導日常的工作。

為什麼機器停了？因為電壓超負荷，保險絲斷了。
為什麼超負荷運行？因為軸承部份潤滑不夠。
為什麼潤滑不夠？因為潤滑泵吸不上油來。
為什麼吸不上油來？因為油泵磨損，鬆動了。
為什麼磨損了？因為沒有安裝篩檢程式，混進了鐵屑。

一、 5W2H 的內容

5W2H 是從七個方面進行分析，具體的分析內容如下。

1. What(對象)

什麼事情？有那些工作要做？其工作內容如何？做這項工作的目的何在？為達成管理目標和解決問題「真正需要的」工作內容是什麼？其重點是對工作內容的分析。

2. Where(場所)

什麼地方？這些工作內容在什麼地方做更合適？工作優先次序、地位為何？在那裏做？做完後到那裏去？其前後關聯性、協調性如何？

3. When(時間)

什麼時間？什麼時候開始做？要做多久？什麼時間應該完成？各項工作的時間配合如何？時間順序如何？何時做最好？何時應該做？何時不該做？什麼時候要快做？等。工作的時間極為重要，因為其直接影響工作效率和目標的達到。

4. Who(人)

什麼人？由誰去做最合適？由誰去做？誰會喜歡？誰有關係？競爭對手是誰？誰是有助企業業務的拓展者？誰做得更好？誰做得不好？這是涉及人員方面的各種問題的分析。

5. Why(原因)

什麼原因？為什麼一定要這樣做？是什麼理由？有何必要？如果不這樣做會帶來那些損失。

6. How(方法)

怎麼做？用什麼方法完成最好？還有沒有比這更好的方法？如何才能配合與貫徹計劃方案的目標？

7. How Much(成本)

成本或代價是什麼？這樣做要花多少成本？付出的代價怎麼

樣？

內燃機的曲軸最初是鑄造的，一個曲軸好幾十噸，鑄造的時候廢品率非常高。因為傳統的製造方法是在模具上留一個口，從上邊往裏倒鋼水。這樣鑄造曲軸，氣孔、沙眼會很多，而曲軸的關鍵部位是不允許有氣孔的，一有氣孔就會整個報廢，因此曲軸的成品率只有 30%。

後來人們想到，可以反過來做。將鋼水從下往上注入，這樣氣孔、沙眼等就有充分的時間被壓排出去，曲軸的成品率一下子提高到 70% 以上，解決了廢品率高的難題。後果人們進一步發現可以用鍛鋼的辦法製造曲軸，於是曲軸的品質又得到了進一步的提高。

二、具體運用

5W2H 法的特點是就問題點直接發問，回答時也只需要就問題直接作答。回答的結果又將成為下一個發問的問題，不斷追問下去，連續 5 次就可找到問題的癥結，為解決問題提供一種新的方法。

表 10-1　5W2H 法實際操作過程

內容	5W2H	問題	對策
對象	What	做什麼？工作內容如何？	排除工作中不必要的部份
原因	Why	為何要做？原因何在？	
場所	Where	在那裏做？必須在那裏做？	如有可能，將其組合或改變順序
時間	When	何時做？什麼時間能完成？	
人	Who	由誰做合適？別人做不好嗎？	
方法	How	用什麼方法完成最好？有沒有比這更好的方法？	工作簡化，節約成本，減少浪費
成本	How Much	這樣做需要多少成本？可以節省多少？	

11 如何實行崗位定員

崗位定員法是一種根據崗位數量和崗位工作量計算定員人數的方法，是依據總工作量和個人工作效率計算定員人數的一種表現形式。

在有些條件下，用人多少與生產任務多少沒有直接關係。用崗位定員法確定定員人數所依據的工作量不是生產任務總量或其轉化形式，而是各崗位所必需的生產工作時間總量；工人工作效率也不是按照工作定額計算，而是按照一個工人在每班內應有的工作負荷量計算。

崗位定員法分設備崗位定員和工作崗位定員兩種。

1. 設備崗位定員

設備崗位定員是在設備開動時間內，不論生產任務是否飽滿，都必須進行看管的情況下所採用的定員方法。

看管這些設備，有的是多崗位工人共同操作，有的是單人操作。對於多崗位共同操作的設備，定員人數的計算公式是：

每班定員人數＝共同操作各崗位生產工作時間之和/(工作班時間－休息與生理需要時間)

上式中的生產工作時間是指作業時間、佈置工作時間和準備與結束時間之和。工作班時間(8 小時)減去休息與生理需要時間，為一個工人每班應有的生產工作時間，即工作負荷量。

例如某工廠有一套制氧量 50 立方米/小時的空氣分離設備，現有 3 個崗位共同操作，經過工作日寫實測定，A 崗位生產工作時間為 260 分鐘，B 崗位為 300 分鐘，C 崗位為 240 分鐘。根據該工種的工作條件和工作強度等因素，規定休息與生理需要時間為 60 分鐘。則該設備崗位定員人數應為：

260＋300＋240/(480－60)＝1.9(人)≈2(人)

按上式計算得出的人數只是一種初步的核算結果，它為合併崗位、實行兼職作業提供了可能。在實際工作中，還要根據計算結果重新進行工作分工，才能最後確定崗位數和定員。

對於單人操作設備的工作，如天車工、皮帶輸送機工等，主要應根據設備條件、崗位區域、工作負荷量等因素，按照上述原理，並考慮到實行兼職作業和交叉作業的可能性來確定定員。

2. 工作崗位定員

工作崗位定員是在有一定工作崗位，但沒有設備或沒有重要設備，又不能實行工作定額的情況下所採用的定員方法。確定某些輔助生產工人和服務人員(如值班電工、茶爐工、門衛人員等)的定員多用此方法。

這種定員方法和單人操作設備的崗位定員方法基本相似，主要根據工作範圍、崗位區域、工作負荷量等因素，並考慮合併崗位、兼職作業的可能性來確定。

3. 全部定員人數的計算

上述崗位定員方法，得出的都是單台設備(崗位)的每班定員人數。在計算全部定員時須注意以下幾點：

⑴對於有同類設備(崗位)的，要乘以同類設備(崗位)數。

⑵對於實行多班制生產的，需要按生產班次計算多班生產的定

員。

⑶對於輪班連續生產的，還需按輪休的組織方法計算替休人員的定員。

⑷對於因缺勤所需的預備人員的定員，同設備定員法一樣，一般可在一個工廠或工段的定員確定後統一計算，以免造成人員不定或浪費。全部定員的計算公式如下：

定員人數＝∑[單台設備每班崗位定員×同類設備(崗位數量)]×班次×替休人員係數/出勤率

式中的替休人員係數，在實行三班輪休制和兩班半輪休制的條件下為 7/6，在實行四班三運轉的條件下為 4/3。

例如：

某空氣分離工段有兩套制氧量 50 立方米/小時的空氣分離設備，每套崗位定員 2 人/班；有一套制氧量 1500 立方米 b 時的空氣分離設備，每套崗位定員 3 人/班；另有氧氣充裝，崗位定員 3 人/班，每班配備值班工長 1 人。三班連續生產，實行四班三運轉，出勤率為 92%。則該工段的全部定員人數為：

[(2×2＋3＋3＋1)×3×4/3]/0.92＝48(人)

12 現場人員配置要合理化

現場人員的配備是根據班組現場作業的需要，為各種不同的工作配備相應工種和技術等級的員工，使人盡其才，人事相宜，高效率，滿負荷，保證班組生產率的提高。

班組現場人員配備要根據員工在工種、技術業務等級、熟練程度、態度等方面的差別，分配他們到合適的工作崗位上去，須知其所長，儘量避免這一工種的人員做另一工種的工作，基本人員做輔助人員的工作，技術等級高的人員做技術等級低的人員工作。

配備員工時，對工作任務的數量、品質、完成期限等方面，都要有明確的規定，以利於建立崗位責任制，消除無人負責的現象。凡是可以由一個員工獨立進行的工作，就儘量交給專人負責。凡是不可能由一個員工獨立進行，而必須由幾個員工共同完成的工作，應設置作業組，同時，指定一名總負責人，並明確規定小組成員的職責範圍。

現場人員配備時，要根據工作總量，讓每個員工都有足夠的工作佔有率，適當擴大工作範圍，保證員工有充分的工作負荷。配備員工時要考慮工作量的大小，更要注意不要因分工過細而使員工負荷不足，如果某些工作的工作量小，員工負荷不足，就要考慮兼做其他工作的可能性。另外，長期從事一種簡單、重複的工作，不利於其技術水準的全面提高和積極性的發揮，所以班組長在現場配備員工時，要適當擴大員工的工作範圍，豐富其工作內容。

表 12-1 人員配備要點

序號	基本要點	具體說明
1	發揮人員的專長和積極性	(1)根據員工在工種、技術能力、熟練程度等方面的差別分配 (2)瞭解員工的長、短處，對於技術複雜、品質要求高的崗位，要配備技術熟練的人，並考慮配備必要的助手
2	明確責任	對工作任務的數量、品質、作業期限等明確規定，建立崗位責任制
3	保證人員的工作量	(1)考慮工作量的大小，注意不要因分工過細而使員工負荷不足 (2)在分配適當的工作量的基礎上，可以適度擴大員工的工作範圍，實現一專多能，提高員工的綜合技術水準

生產線上如何考慮人員的配備呢？

1. 基本工人與輔助工人的比例關係

這兩方面的工人都是從事物質生產的，都屬於直接生產人員，但他們在生產中所起的作用卻不相同。

如果基本工人配備過多，輔助工人配備過少，就會使基本工人負擔過多的輔助工作，影響基本工人專業技術的發揮；反之，輔助工人配備過多，基本工人配備過少，也會影響生產率的提高。他們之間的比例關係，應當根據現場生產的特點和技術要求來擬訂。

2. 合理安排倒班

由於夜班生產打亂了人的正常生活規律，一般情況下較難保證工人正常、良好的休息，所以，上夜班容易疲勞，對員工身體健康有影響。因此，不能固定地由一些員工長期上夜班，應實行定期地輪換員工班次的倒班制。

3. 合理組織輪休

連續性生產企業的多班制生產過程中，員工不能按公休制度一起休息，只能輪休。

為了保持生產的正常、安全進行以及員工的身體健康，所以，必須考慮人員的合理輪休方案。

4. 人員定崗

不同的崗位對技能要求和資格要求也都不一樣，所以定崗不僅是對人數的要求，而且還是對技能、資格的要求。

在定崗時要根據崗位要求和個人狀況來決定。根據崗位品質要求的特點，可以把員工的崗位區分為重要崗位和一般崗位；根據崗位工作強度的大小，可以將員工的崗位區分為一般崗位和艱苦崗位。根據員工的身體狀況、技能水準、工作態度，以保證品質、產量和均衡生產為目標，可按照以下原則進行定崗安排。

⑴「適所适才」，根據崗位需要配備適合的人員。

⑵「适才適所」，根據個人狀況安排適合的崗位。

⑶「強度均衡」，各崗位之間適度分擔工作量，使工作強度相對均衡。

5. 合理配備人員

各輪班人員在數量和素質方面都力求平衡，以保持各班生產和相對穩定。

6. 加強夜班生產能力

通常，企業的生產技術指揮力量都主要集中在白天，夜班的力量較弱，夜班遇到的問題往往難以得到及時解決，這不僅影響了夜班的生產能力，而且對白班的生產也有一定的影響。因此，班組長應根據現場需要和可能加強夜班生產的組織或指定專人負責。

7. 嚴格執行交接班

生產現場應按照企業生產的崗位責任制，嚴格執行交接班制度。

各班完成的生產任務應分別驗收、記錄和考核。交接班制度應明確規定前一班工作結束和後一班工作開始之前，員工之間應辦理的交接手續。對於重要的生產部位要逐點交接，重要的生產數據要逐個交接，主要的生產工具要逐件交接，並做好記錄。

8. 男女員工安排

由於各個企業生產的性質、技術、條件等情況不同，男女員工比例在各個企業或班組中也是不同的。一般來說，現場的人事、勞務管理的負責人是男性，在安排女性員工的工作時，必須考慮到以下幾個方面的問題：

⑴該工作是否適合女性的生理特性。

⑵為了使女性員工成為將來的骨幹，在認真聽取員工本人願望的同時，必須通過人才培養程序來長期培養。

⑶通過專門職業制度盡力培養女員工。

⑷相同職業種類、相同學歷的情況下，應規定工資男女平等。

9. 重視老齡化員工

隨著社會進入老齡化及企業對經驗及資歷的重視，將會有越來越多的老齡化員工走進企業，應重視老齡化員工的使用。

人在 20 歲以後就可能隨著年齡的增長各器官的功能逐漸衰退下去。當然，經驗、判斷力、協調力等則與之相反，並且通過工作和經歷所掌握的知識、技術、技能等隨著年齡的增加而越顯高度化。所以，現場使用老齡化員工應注意發揮其優點，並充分考慮其存在的問題，比如，體力差，有拘泥於過去經驗的傾向，接受或掌握新觀念、新技能要花時間，需要迅速的判斷力的工作不擅長等等。

10. 運用臨時工

臨時工無論在那個企業，都在做與企業員工同樣的工作。使用臨時工應注意以下要點：

⑴熟練之前要配給隨身指導員，並說明組織紀律，制定「臨時工就業規則」。

⑵以其工作經歷為參考來為臨時工安排相應工作，努力做到才盡其用。

⑶在進行實際作業操作前應就作業方法進行 1～2 個小時的說明（根據 QC 工程表、作業標準書等來說明前後工序及作業順序的主要要點；說明應遵守整理、整頓、清掃、清潔；對危險地方以及禁止不安全行動進行說明）。

⑷指導員要在旁邊幫助指導。

表 12-2 人員編排流程表

序號	步驟	具體說明
1	瞭解生產工序	編排人員需瞭解生產工序的基本操作方法、基本作業時間等，並以此掌握生產工序的難易程度，分清主次關係
2	瞭解人員狀況	確定生產線上生產人員的數量，瞭解每個員工的生產技能和作業速度，以便進行合理的人員編排
3	進行人員編排	· 進行人員編排時，可根據生產線流程的先後順序和員工的技能水準，對他們進行合理的編排，並編制編排表 · 編排表的內容包括客戶、訂單編號、產品規格、產品數量、生產線人數、每個員工的作業內容、目標產量等
4	製作編排圖	編排完成後，編排人員需按生產線流程的先後順序繪製人員編排圖
5	編排的審核	編排人員將編排表和編排圖作好後，交給組長和主管審核簽字，並提前兩天張貼到生產流水線上

表 12-3 人員作業內容表

作業名稱	人員姓名	具體工作內容
下料	王××	將產品原料按規定量、規定時間和規定投放方法投入到生產設備中
加工	孫××	按照設備操作指導書進行操作，對產品原料進行加工
配置	李××	將產品的各部件歸整，確保每個產品部件配置齊全
組裝	徐××	按規範將製造出的產品部件組裝起來，確保產品組裝正確、無遺漏
目檢	高××	目測產品規格、外觀、形狀等是否符合要求
調試	林××	進行產品試用及調試，確保產品完好、可正常使用
檢查	魯××	檢查製造出的產品部件是否合格，並將不合格品挑出
組合	趙××	將產品與產品說明書、質檢卡和售後保障書等匹配
包裝	張××	按要求將產品放入規定包裝盒子內並密封

13 生產現場的缺員問題

生產缺員是指崗位需求與人員素質和數量不匹配的現象。生產缺員是一種相對的短缺，是企業在發展過程中產生的階段性問題，主要是由於企業發展對人力資源的素質和數量需求與人力資源供給關係不平衡所造成的。

在解決生產缺員問題的過程中，企業需對關鍵問題進行分析。具體的關鍵問題如下所示。

問題 1：企業生產缺員問題較多，企業應針對具體情況進行系統性分析。

問題 2：企業要在分析和總結問題的基礎上，進行深入的調查，積極尋找問題的解決方式。

問題 3：生產缺員可能會造成停產，因此企業需明確生產缺員的嚴重性，以便有效解決問題。

培養多能工是解決臨時性生產缺員的方法之一。在實際工作中，人員的離去、缺勤難免會造成生產的缺員，但是由於培養了多能工，可以由多能工去頂替，這樣便避免了停產。

⑴衡量培養多能工成果的指標

企業對於多能工的培養成果可透過「多能化實現率」來衡量，其具體的計算公式為：

多能工實現率＝∑(每個作業人員完成多能工訓練的工序

數)/(班組總工序數×班組作業人員人數)×100%

⑵培養多能工的方法

企業可採取工作崗位輪換、師帶徒、技能競賽等方法進行多能工的培養。

工作崗位輪換。工作崗位輪換是指讓每個作業人員輪流承擔自己所在作業現場的全部作業，經過一段時間的訓練，使每個作業人員熟悉各種作業，以成為多能工，工作崗位輪換可透過三種形式來進行。

表 13-1 工作崗位輪換形式

形式	具體說明
管理人員輪換	班組內的管理人員帶頭進行相互之間的崗位輪換，向班組內的員工進行親身示範
班組內定期輪換	把班組內所有的作業工序分割成若干個作業單位，排出作業輪換訓練表，使全體作業人員輪換進行各工序的作業，在實際操作中得到教育和訓練，最後達到使每個人都能掌握各工序作業技能的目的
工位定期輪換	多能工培養發展到一定的階段，可以2～4小時為單位進行有計劃的作業交替

利用工餘時間進行「師帶徒」式的培訓，請有經驗的老員工進行「傳、幫、帶」。

舉行多能工技能競賽，提高員工對多能工的關注，激發其學習新技能的興趣。

多能工的培養可按照以下的程序進行推行，具體內容如下。

①多能工化推行對象的編組。

②評估各工序作業人員的現有水準。

③使用多能工龍虎榜，設定各作業者目標。

④充分利用加班時間，製作多能工培養日程表。

⑤在晨會、晚會中，定期地表彰多能工明星。

14 現場缺席頂位有陷阱

缺席頂位是指「原先固定的作業人員因故缺席，由另外一個人代替其繼續作業的行為」。缺席頂位的時間通常較短，但沒有具體的時限要求，在頂位人員未完全熟練之前，都可以認為是缺席頂位狀態。

有許多作業不良，就是由於頂位人員不熟練而造成的。平時有計劃地培養全能工，是填平缺席陷阱，避過危機的有效方法之一。

頂位人員可分為兩種：單頂是指一個工作日內，頂位人員只對該工序進行一次頂位。連頂是指一個工作日內，頂位人員對該工序進行二次以上的頂位，這種現象最為普遍。

按頂位時間長短不同，可分為兩種：

⑴短頂是指很短時間內的頂位，一般不超過 10 分鐘(不同地方，時間規定有所不同)。上洗手間的、喝口水的多屬於這一類。

⑵長頂是指時間較長的頂位，一般指一天以上一星期以內的頂位。病假、事假的多屬於這一類。

要減少生產線因為缺席頂位的陷阱，要注意下列：

1. 培養全能工，隨時替補

⑴挑選手腳靈活、接受能力好、出勤率高的作業人員，進行培養。

⑵平時有計劃地對其進行所有工序的培訓，使其掌握作業內容和適應作業強度。

⑶全能工的比例要視長頂和短頂發生的比例而定。

⑷在計算作業工時、配置人數時，必須考慮缺席頂位的時間，也就是要包括全能工。

⑸要將全能工的待遇與一般作業人員適當拉開，才能發揮全能工的積極性。

2. 分解工序

有些工序需要長期的經驗積累，才能獲得熟練的技巧。有的全能工頂位時，無法適應該工序的作業強度，會造成堆積，從而影響全工序的工時平衡，此時可用：

⑴人海戰術。即兩個人頂一個位，三個人頂一個位。

⑵工序轉移。將部份作業內容轉移至其他工序進行。

3. 頂位期間，重點確認

除了調派全能工進行頂位外，管理人員應當對頂位人員的作業結果進行定時確認，尤其是長頂，確認的頻度視實際情況而定。

4. 設置頂位標識

⑴作成《頂位牌》懸掛在該工序的顯眼位置上。它可以提醒管理人員、工程技術人員、品質監察人員留意該工序的作業。

⑵也可以將頂位人員(全能工)的著裝予以區別，使人從外表上一眼看出是在頂位。

⑶必要時可對作業對象(半成品、成品等)進行標識管理，這些標識盡可能做在二次外觀(不顯眼)的地方。

5. 縮短連續工作的時間

如每隔 2 小時就統一休息 10 分鐘。

⑴有充足的時間上洗手間，避免中途「缺席」。

⑵簡單進食和飲水，恢復體力，降低作業疲勞。

⑶聯絡私人感情，預防作業時間內的「交頭接耳」。

6.縮短上洗手間的時間

上洗手間的次數和時間很難控制，自覺性好的人總是速去速回，而自覺性差的人趁機休息一下，取決於當事者的實際生理需求和敬業精神。對此既不能強行限制，也不能大聲訓斥，那樣只會使事態朝更壞的方向發展，具體做法如下：

⑴頂位人員每人發一碼錶，將每一個被頂位時間如實測算和記錄下來。

⑵每星期統計一次，按耗時多少的順序排列並列印出來。

⑶該統計表張貼在看板上，每次保留三天。

⑷管理人員對此不作任何評價，只是定期向眾人公佈而已。

有的部門經過幾個月的運作，大家上洗手間的時間呈直線下降，從原來的平均每週每人 35.5 分鐘(2012 年底)，一路下降到 5.3 分鐘(2013 年初)，然後又降到 3.2 分鐘(2013 年底)現在也一直穩定在這個數字上。

不用說，生產效率因此提高不少，更重要的是頂位所造成的作業不良幾乎消失了。

7.降低產量

每當年頭年尾、重大節假日時，缺席總是很多。當頂位工序增多，作業工時完全被打亂，每個工序都有不同程度的堆積時，為了確保作業品質，可降低投入(工時增大)。此法慎用！投入少了，就意味著整個生產計劃又得重新排過。

8. 跳空數台

短頂實在找不到人時，在前一工序上暫停投入，直到後工序返回為止。不過，這樣生產線便會出現短暫「真空」，要注意「真空」也會破壞工時平衡。

以上做法，正是利用人們相互競爭、不甘人後的心理特點，它不是行政命令，卻比行政命令更加有效。

缺席頂位的管理心得：

⑴開工之前，調配好頂位人員，莫等到開工之後才來找人。

⑵全能工的職責不同於管理人員，二者不能混淆。

⑶頂位人員好比消防隊一樣，不僅需要沒置，更需要演練，關鍵時刻才能救急。

⑷不僅作業人員需要頂位，管理人員和工程技術人員同樣需要頂位。

15 七種生產線的浪費現象與對策

一、不良浪費問題

因為生產過程中出現不良品，企業需要進行處理所造成的時間、人力和物力上的浪費以及由此造成的相關損失稱之為不良浪費。不良浪費具體包括因作業不熟練所造成的不良浪費、因修理不良所造成的浪費、因不良而重新返工造成的浪費和因材料廢棄所造成的浪費等。

導致不良浪費的原因有很多，如標準作業欠缺、過分要求品質、人員技能欠缺、檢查方法不完備等。因此，企業應採取有效的措施消除不良浪費的發生。在採取消除措施前，企業應對不良浪費所帶來的關鍵問題進行分析，具體內容如下所示。

為了降低不良浪費所造成的損失，企業應正確對待需要修理的不良品。企業首先要進行修理成本與產生價值之間的對比分析，按照修理是否划算再作是否修理的決定。對於修理成本過高的不良品，應視不良的程度，作廢棄或低價出售處理。另外，決定修理的不良品，要認真對待，不能使返修後的產品再出現第二次不良。

企業要想降低不良浪費所造成的損失，最重要的是降低產品的不良率。產品不良率是不良浪費的指標，要降低不良率，根本的方法就是提高生產管理人員以及生產作業人員的生產能力和生產品質觀念。具體在工作中應做到如下幾個方面。

⑴在作業過程中，避免生產出不良品，保證產品一次生產成功。

⑵正確理解產品品質的含義，產品的品質是生產出來的，不是檢驗出來的。

⑶做到「四不」原則，即不核准不良、不接受不良、不製造不良、不傳送不良。

企業要降低不良率，就必須建立真實、完整、透明的數據，這些數據不僅包括產品的不良率，還要包括產品的不良分類原因的數據，這些數據都是消除不良浪費的基礎。透過收集、匯總、分析這些數據，找出產品不良的原因，然後再根據分析出來的產品不良原因聚焦問題，並對聚焦的問題進行解決。

消除不良浪費的措施如下。

· 制定自動化、標準化作業
· 在生產作業現場設置防誤裝置
· 做到保證產品品質的「四不」原則
· 制定及實施產品品質保證制度
· 定期對設備、模具進行檢查、保養、維護和維修
· 持續開展 5S 管理活動

二、加工浪費問題

加工浪費又稱過分加工浪費，是指加工過程中存在的一些多餘的加工所造成的時間、人力和物力的浪費。加工浪費的形式有很多，如加工精度要求過高造成的浪費、多餘的作業時間和輔助設備造成的浪費、作業上重覆試模造成的浪費、產品成型後多餘加工造成的浪費等。

導致加工浪費的原因有很多，如技術順序不規範、作業內容不正

確、作業模具不良等。因此，企業應採取有效的措施消除加工浪費的發生。在採取消除措施前，企業應對加工浪費所帶來的關鍵問題進行分析，具體內容如下所示。

針對生產加工浪費，企業可採用程序分析的方法進行減輕和消除。程序分析是指以整個作業過程為對象，研究分析一個完整的作業過程，從第一工作地點到最後一個工作地點有無多餘或重覆的作業，程序是否合理等，進一步改善工作程序和工作方法，從而減少加工浪費。

表 15-1 程序分析表

考察點	第一次提問	第二次提問	第三次提問
目的	做了什麼(What)	是否必要	有無其他更合適的對象
原因	為何做(Why)	為什麼要這樣做	是否不需要做
時間	何時做(When)	為何需要此時做	有無其他更合適的時間
地點	何處做(Where)	為何需要在此處做	有無其他更合適的地點
人員	何人做(Who)	為何需要此人做	有無其他更合適的人
方法	如何做(How)	為何需要這樣做	有無其他更合適的方法與工具

對問題的分析，弄清了問題的現狀後，企業可針對問題靈活運用四大原則來建立新的加工方法。程序分析四大原則如下。

(1)取消

在進行「是否必要」及「為什麼」等提問時不能有滿意答覆者都屬於不必要的，要給予取消。

(2)合併

對於無法取消而又必要者，看是否能合併，以達到省時簡化的目的，如合併一些工序或動作。

⑶重排

經過取消、合併後，可再根據「何人、何處、何時」三種提問進行重排，使其能有最佳的順序，除去重覆，辦事有序。

⑷簡化

經過取消、合併、重排後的必要工作，就可考慮能否採用最簡單的方法及設備，以節省人力、時間和費用。

三、動作浪費問題

在生產過程中，動作浪費現象在很多生產線中都存在，造成了時間和體力上的不必要消耗。因此，企業應採取有效的措施消除動作浪費的發生。在採取消除措施前，企業應對動作浪費所帶來的關鍵問題進行分析，具體內容如下所示。

動作浪費增加了現場作業時間，並造成交貨延遲的現象。

生產現場管理人員可運用標準動作分析方法，為作業人員拿取工具工件、組合、配裝等環節建立標準的動作規範，並以圖示的方式在相應的工位中展示出來。

標準動作分析法是指觀察作業人員實施的動作順序，用特定的標記記錄人體各部位的動作內容，並將上述記錄圖表化，以此判斷作業人員動作的好壞，從而找出改善動作的一套分析方法。

透過運用標準動作分析方法，可以消除作業人員多餘的動作，減輕作業人員的工作強度。標準動作分析法包括目視動作觀察法和影像動作觀察法。

表 15-2 標準動作分析的方法

方法	具體說明
目視動作觀察法	分析人員直接觀測實際的作業過程，並將觀察到的情況直接記錄到專用表格上的一種分析方法
影像動作觀察法	透過錄影和攝影，用膠捲和錄音帶記錄作業的實施過程，再透過放影的方法觀察和分析作業動作的方法

四、搬運浪費問題

搬運時的無效動作會為企業帶來了物品移動所需空間的浪費、時間的浪費和人力工具的佔用等不良後果，因此，企業應採取有效的措施消除搬運浪費的發生。搬運浪費嚴重影響了企業效益和生效效率的提高。

為了有效消除搬運浪費，企業可採用搬運工序分析法。搬運工序分析法是指追蹤調查物品的流向狀況，用說明性的事項或用表示其使用方法、放置方法的記號來記錄所發生的各種狀態，並對之進行商討分析。搬運工序分析法基本上與工位分析法是相同的，但所採用的分析記號有一些不同。

⑴決定分析目的，確定縮短搬運時間、搬運距離以及佈局改善等目的。

⑵決定分析範圍，研究縮短搬運時間或搬運距離的工位是那些，並確定其範圍。

⑶決定分析對象，選取那些在搬運上有問題的物品。

⑷制訂搬運工序分析計劃，製作搬運工序分析表，進行觀測並記錄。

⑸調查各工位的內容，將搬運物的重量、高度及搬運夾具的名稱記入分析表中。

⑹整理結果並做成總結表，求出「移動」「處理」「加工」「停滯」的次數，然後製作配置圖示、工位分析表，並在各工位所在的場所上記入搬運記號，用線將各搬運記號連接起來。

⑺商討分析結果並制定改善方案，找出減少距離、停滯、轉裝的方法。

五、庫存浪費問題

倉庫中材料、零件、組合件等物品的停滯狀態所造成的浪費為庫存浪費。庫存浪費的表現形式有不良品在庫房內待修、設備能力不足所造成的庫存浪費、換線時間過長造成大批量生產的浪費以及採購過多的物料剩餘。

庫存浪費的產生會引起搬運、堆積、放置、防護處理等不必要的浪費。

過度的庫存會嚴重積壓流動資金，並且佔用資金（損失利息）及額外的管理費用。為了消除庫存浪費，應合理確定庫存量，減少成本。合理庫存量是指保證生產經營活動正常進行所確定的合理庫存數量，又稱為物資儲備定額。

由於物資消耗、需求的多樣性，使得合理庫存量呈現不同的狀況，所以合理庫存量應依實際情況來確定。在確定合理的庫存時，應滿足以下條件，具體內容如下。

⑴庫存量要適應正常週圍的需要；

⑵既要反映當前，又要能符合中、短期內的需求變化趨勢；

⑶庫存物資品質必須符合標準；

⑷庫存物資結構力求符合生產需要。

企業應根據庫中物資的定額數量，確定合理庫存量，以保證正常的生產經營。

六、製造浪費問題

製造浪費是指產品製造過多或製造過早所產生的浪費。有些企業由於生產能力比較強，為了不浪費生產能力而不中斷生產，積壓了許多在製品和產成品，造成很多的浪費。造成製造浪費的原因有人員過剩、設備過剩、生產浪費大、業務訂單預測有誤、生產計劃與統計錯誤等。

製造過多或過早使在製品和產成品積壓，不但影響了生產週期的變化，還使現制程時間變長，增加了各種費用。

企業為了實現均衡生產，每月應按照產品的銷售計劃編制生產計劃，並根據市場需求適時調整，不斷提高均衡生產水準。均衡生產的具體要求包括以下三點。

圖 15-1 實現生產均衡化的制約因素

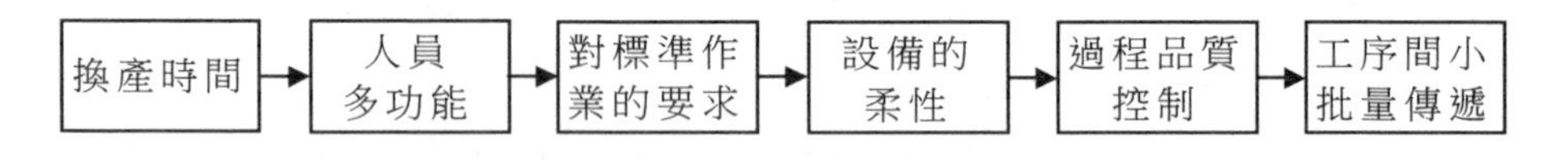

①現場的每一個作業環節都要均衡地完成所承擔的任務。

②不僅要在數量上均衡，而且各環節要保持一定的比例性。

③要盡可能縮短物料流動週期。

七、等待浪費問題

在生產過程中，作業人員因各種原因而停止作業，導致人員等待的浪費為等待浪費。等待浪費的內容有等待生產指示、等待生產材料、等待啟動設備和等待設備故障維修等。

等待浪費使得工序延遲，生產效率降低。企業可透過採用現場看板的方法來消除等待浪費。採用看板管理使任何工作人員都可以從看板中及時瞭解現場的生產信息，杜絕因等待所造成的浪費。

16 主管要抓緊每天工作時間

工作效率低下，長期延遲至八小時外，除了得到一些加班工資之外，就是身心疲乏和老闆的白眼。

不少現場管理人員長期日忙夜忙，超負荷運作，結果搞得自己身心健康處於崩潰邊緣，可並不一定能取得良好的業績。之所以如此，多半出於以下原因：

1. 管理人手配備不足，大事小事都得自己處理。

2. 管理手法粗雜，不能有效管理。

3. 節奏慢，拖延成性，習慣在八小時以外辦公。

某廠的一大批產品被客戶退了貨，原因是產品某處塵汙太多。為了趕出貨，廠長情急之下，把一部份產品搬到自己的辦公室，和辦公室文員選別起來。

經過廠長和其他部門的選別，貨是準時再發出去了，可從那以後大家卻對廠長有了看法。

廠長到底該不該參與選別呢？大可不必，最多做一個示範就足夠了(該廠長下面有近 1600 名管理人員、技術人員、作業人員、檢查人員可指揮)。

這種身先士卒的精神極佳，但和管理人員應擔負的主要工作相去甚遠。如同戰場上的最高指揮員，只顧自己端把機槍猛打，卻不去指揮全局，這仗能打贏嗎？

讓一知半解的辦公室文員來檢查，本身就是對品質不負責的表現。

假設每天的作息時間為：8:00～17:20，其中 10:00～10:10 為上休時間，12:00～13:00 為午飯時間，15:00～15:10 為下休時間，實際作業時間為 475 分鐘的話，那麼管理人員每天的最基本安排應該如下表。

現場管理人員總是先來後走，如果加上開工前的準備和收工後收尾的工作，一天下來遠不止八小時，但這是使命所在，在所難辭。

現場管理人員不是什麼手都不動，更不是什麼都要自己從頭做到尾。做完解說、示範後，便可打住，剩下的是要確認和再指導。

管理人員總是在「做」與「管」之間不停地切換。「管」是為了保證整體目標能夠實現，而「做」則是引導集體邁向目標的第一步。

表 16-1　管理人員每天的最基本安排

時間	怎麼做
7:55～8:00 準備階段	開啟現場大門，更換工作服、鞋帽、佩戴廠牌。
	清潔四週環境。
	開通辦公用設備。
	調節精神，使之處於最佳狀態。
8:00～8:05 開早會， 安排事項	扼要向大家說明昨天生產結果，通報問題對策的進展情況。
	當天的生產安排，注意事項。
	生產外的事項聯絡大家。
	留意每一個員工的精神狀態如何。
8:05～8:10 確認生產 是否開始	下令生產開始。
	確認作業人員是否進入崗位，開始生產。
	設備、夾具是否按要求進行廠點檢。
	材料是否準備好。
8:10～17:15 隨機確認 作業品質	作業與《標準作業書》的品質要求是否相一致。
	抽檢5～10台，確認是否符合要求。
	監察《品質記錄文書》有無按要求記錄。
	監察頂位人員的作業品質是否OK。
	對不熟練者再指導。
	改善作業，杜絕白乾、瞎幹、蠻幹。
	開展輪訓，儘量使每個人都成為多面手。
	若改善的部份超出管轄範圍時，謀求上司援助。
	統計改善實績，向上報告。
	調整單品、部件的庫存到適中。
	嚴格遵守先來先用的原則。
	不良品、對策品按識別規定區分開來。

續表

8:10～17:15 隨機處理不良品	分清自責、他責。
	按規定的途徑、時間處理完畢。
	作成《不良損金報告》上報，並對策頭3項。
	嚴防不良品流至後工序。
	必要時，謀求外部援助，來解決不良品。
8:10～17:15 確保中途進度	認不到預竄的投入數、產出數時。適當調整。
	品質達不到預定目標時，緊急對策。
	作業工時高於預定日標時，立即挽救。
	準時完成各種試做。
	生產實績可見化，情報共用。
8:10～17:15 隨機推進5S活動	率先遵守《5S規定》，檢查部下執行情況。
	結合實際，加大對修養的再指導力度。
17：15～17：25 確認生產結束	投入與產出數是否相符。
	安排加班事項。
	作業台、生產線上有無滯留品。
	填寫《生產實績報告》。
17：15～17：25 確認生產結束	清潔作業環境，做好「五防」工作。(防塵、防火、防水、防蟲、防盜)
	做好第二天的準備工作。
	關閉所有動力源(如電源、氣源等)
	鎖上現場大門，放好鎖匙，下班回家。
其　他	參加各種會議，充分發表意見，並記下要點。
	解決突發事件，必要時緊急聯絡上司，謀求援助。
	參觀學習他人先進之處，善加引用。
	與部下面談，交換意見。
	擬定各種新計劃。

17 現場員工為何重覆犯錯

大批量的不良品，比偶發不良要容易對策得多，偶發不良很難根治，它來無蹤，去無影，最令人頭痛。

大的不良項目得以解決之後，品質就能穩定在一定水準上，此時要想將品質再提升一個檔次，就必須巧妙對付偶發不良才行。

偶發不良的最大特點是「來無蹤、去無影」，短時間內不再出現，使你的調查無從入手。

如電路板上一粒錫銖，或是成品外觀上一道傷痕，你明明知道是作業造成的，可不知道是誰？是什麼時候？是那一個工序？如何造成的？

偶發不良的發生似乎無規律可循，很難下手對策，只能聽天由命，其實不然！在生產線的具體工作重點如下：

一、對事不對人

「我再跟你講一次，這裏做完以後，要記著檢查一下，聽清楚了嗎？」「再犯一次的，你自己看著辦吧！」出了不良後，如此大聲訓斥作業員，歸咎於作業人員的場面不時可以見到。這種「警告管理」卻無多少效果可言，相反，還導致管理人員與作業人員之間的矛盾升級。

事實上，明知道是不良，還故意往下做的人極少極少，由於一時粗心、疏忽導致的佔了絕大多數。提醒當事人注意固然需要，但不能一味指望作業人員的注意就可以解決問題。

二、「傻瓜化」的輕鬆作法

「傻瓜化」是指：作業、檢查、判定時，盡可能簡單化、明瞭化，人人都可以勝任。

疏忽內容	例子	對策
沒有留意到	非《標準作業書》規定的檢查項目	立即增加該項目
判斷錯誤	不良品當作良品	設定樣品或改用機械判定
遺忘了	連續作業步驟中的某一步做錯	簡化作業步驟或製作簡明看板懸掛
看錯數據	指標式儀器刻度讀取誤差	換成數字顯示式
作業動作錯誤	左撇子的右手不靈活	調整工位、設備、夾具，以適應該作業者
不甚清楚規格	對外觀，有人說OK，有人說不行	設定樣品，或統一專人來判定
經驗不足	高精密度的裝配錯誤	放慢作業速度或再指導
設備不穩定	熱鉚溫度變化大	設定恒溫裝置，減少空氣對流
人員情緒不穩定	作業品質時好時壞	暫時替換至不重要的後勤崗位

許多管理人員在解析不良原因時，只在報告裏寫上「作業者疏忽，提醒下次注意」，就不再往下深究了。殊不知，正是這種管理上疏忽，導致二次、三次原因不了了之，偶發還會出現。

除了以上這些，還有許多疏忽會造成偶發不良。總之，只有先消除管理上的疏忽，才有可能消除作業上的偶發不良；才有可能避免小錯。只要我們對二次、三次原因揪住不放，偶發不良是可以降下來的。

三、要進行標準化培訓

1.標準化培訓的必要性

一些企業並不重視作業標準化的培訓，那先來看看不進行標準化的訓練會是什麼樣子：

作業者不明白作業標準書的意思和使用方法。

管理、監督者不理解標準化的意義和使用方法，就不能指導作業者。

因而會出現生產效率較低，經常發生計劃延遲，品質不良增多，經常加班加點，經常返工等現象。

2.對管理人員進行標準化培訓

⑴對制定標準化資料部門的訓練

可采用以下方法：購入相關圖書組織學習；參加某些講座、接受培訓；以標準化委員會的委員身份進行學習。

⑵對製造部門的培訓

可采用以下方法：購入圖書和接受培訓；分發企業內部製作的資料和接受培訓，在分發這些標準資料的同時召開說明會以便作業者理解標準書的含義。

在使用標準資料的過程中，有使用不便的情況時，可向制定部門提出，從而得到解決的方法，再以此方法為基礎進行實施。

3. 培訓作業者

⑴對制定標準資料的責任人的培訓

可采用以下方法：購入相關圖書、自學；參加某些講座和接受外部培訓；由責任部門管理人員進行解說和進行實際上的指導。

⑵對使用標準資料的生產現場的作業者的培訓

①教育的內容為標準化的意義和作業標準文件的閱讀方法及使用方法。

②分發標準文件並予以說明。

③在發生不良或發生災害等時，探討在生產中發生故障的原因和災害實施解決的對策，這些都會成為培訓的機會和材料。

4. 培訓新員工

⑴教育的內容為標準化的意義和作業標準類的閱讀方法及使用方法。

⑵作業標準書作成的實習(若進公司時不懂作業，那麼應經過 3 個月的工作實踐之後，再進行該類教育)。

5. 對臨時工進行的標準化的培訓

⑴分配到生產現場之前，教給其作業標準書的閱讀方法和使用方法。

⑵每日作業開始前，以作業標準書為基礎就作業方法進行教育。

⑶生產中發生故障時就為什麼會發生、怎樣做才好等進行教育。

18 現場生產線的教育訓練方法

為促進生產現場的交流，使生產現場活性化，在生產現場的每個人都要接受適當的教育、訓練，以達到實施能力的提高。

對於員工的教育與訓練可分為 OJT(On the Job Train- ing，現場內的訓練)與 Off-JT(Off the Job Training，現場外的訓練)。一般把在生產現場進行教育、訓練的事情稱為 OJT，而 Off-JT，即離開現場的教育、訓練，主要是採取集中起來以教育研修的形式進行。

1. OJT 實施的理由

⑴在生產現場對作業人員最有影響力的是其上司。

⑵生產現場發生問題，如果不是生產現場的管理者去處理，解決不了的事情就很多。

⑶生產現場的業績和實績是管理者及其下屬的工作總和，所以對下屬的教育、培養是管理者的重要工作。

2. OJT 的目的

⑴促進生產現場的交流，強化生產現場的合作。

⑵一個一個地提高作業員的工作熱情。

⑶有效地實施生產現場的工作，就能完成生產目標。

3. OJT 的實施步驟

⑴決定受教育者

確定教育者首先要列舉其完成生產現場的各種作業所需要的能

力，這裏所說的能力是指與作業有關的知識、作業的順序、作業的要點、應該達到的品質水準、作業速度、作業後的檢查要點。接著對分配至流水線的作業者持有能力的評價，找出其必要能力和實際能力之間的差距，確認作業者不足的能力部份。

⑵準備教材

為消除作業者必要能力和實際能力之間的差距，最好是將作業書面化。作業書面化是指將作業標準以文件的形式表現出來，即編制作業指導書。作業指導書起著正確指導員工從事某項作業的作用。

作業指導書要明確作業要求的 5W1H：

①作業名稱——做什麼(What)。

②作業時間——什麼時候做，在那道工序前或那道工序後(When)。

③作業人——誰去做(Who)。

④作業地點——在那兒做(Where)。

⑤作業目的——為什麼要這麼做(Why)。

⑥作業方式——所有工具及作業方法、關鍵要點(How)。

⑶進行實際作業的有效指導

為有效地指導作業，要按以下三個步驟進行：

①對作業進行說明

著重講解作業的 5W1H，對現在從事的是什麼樣的作業進行說明。詢問員工對作業的瞭解程度，以前是否從事過類似的作業；講授作業的意義、目的以及品質、安全等重要性；重點強調安全方面的內容，使安全問題視覺化；對零件的名稱和關鍵部位、使用的工裝和夾具的放置方法進行說明。

所謂視覺化就是用眼睛可以直接、容易地獲取有關方面的信息，例如，應用標誌、警示牌、標誌竿、電子記分牌、大量的圖表等。

表 18-1　作業指導要點

序號	指導事項	具體說明
1	作業說明	⑴著重、講解作業的 5W1H，對現在從事的是什麼樣的作業進行說明 ⑵講解作業的要點，並重點強調關鍵工序和安全事項
2	示範操作	示範時，對每一個主要步驟和關鍵之處都要進行詳細說明，再針對重點進行作業指導，並讓現場人員試著進行操作
3	觀察指導	仔細觀察員工的操作，並不斷地將作業要點進行說明，如果發現有不規範、不安全的作業，要立即進行糾正

②自己示範一遍，讓員工跟著操作

示範時，對每一個主要步驟和關鍵之處都要進行詳細說明，再針對重點進行作業指導。然後讓員工試著進行操作，並讓其簡述主要步驟、關鍵點和理由，使其明白作業的 5W1H，如果有不正確的地方要立即糾正。在員工真正領會以前，要多次反覆地進行指導。

③注意觀察、進行指導

要觀察員工操作，對其操作不符合要求或不規範之處要進行指導，並讓其知道在有不明白的時候怎樣能快速獲得正確答案。

4.多能工訓練

⑴多能工訓練的必要性

多能工訓練是現場管理中不可缺少的教育課題之一。因為：

①出現缺勤或因故請假者如果沒有人去頂替其工作，就會使生產停止或造成產量減少。

②在品種多、數量少或按接單來安排生產的情況下，要頻繁地變動流水線的編成，這要求作業員具備多能化的技藝以適應變換機種的需要。

③企業為適應激烈競爭，往往會根據客戶的某種要求而改變生產計劃，這要求作業者的多技能化。

⑵多能工訓練計劃的制定及記錄

①調查在生產現場認為是必要的技術或技能，列舉並記錄到多能工訓練計劃表(見下表)的橫軸上。

表 18-2　多能工訓練計劃

____年____月____日

訓練項目／天數／姓名	取圖	剪斷	鑄鍛	展平	消除變形	彎曲	挫磨	衝壓成形	整形	熱處理	焊錫	熔接	鉚接	組裝	拋光	教育訓練時間合計
	1天	2天	2天	3天	2天	5天	5天	5天	5天	7天	8天	8天	8天	7天	7天	75天

註：☆100%　◎75%　○50%　×不需學會

②把生產現場和作業者姓名記到縱軸上。

③評價作業者所具有的技術或技能，並使用規定記號來記錄。

④制定各作業者的未教育項目的教育計劃。（何時為止？教育何種項目？）

⑤隨著教育的進展而增加評價記號。

⑶多能工訓練操作方法

①根據多能工訓練計劃表，按計劃先後逐一進行作業基準及作業指導書內容的教育指導。

②完成初期教育指導後，進入該工程參觀該作業員操作，注意加深其對作業基準及作業順序教育內容的理解，隨後利用中休或加班（工作結束後）時間，由班長指導進行實際作業操作。

③在有班長、副班長（或其他多能工）頂位時，可安排學員進入該工程與作業員工一起進行實際操作，以提高作業準確性及順序標準化，同時掌握正確的作業方法。

④當學員掌握了正確的作業方法，並能達到其作業基準，又具備正常作業流水線的速度（跟點作業），也就是說完全具備該工作作業能力後，可安排其進行單獨作業，使其逐步熟練達到一定程度的作業穩定性並能持續一段時間（3～6 日最好）。但訓練中多能工學員在正常的跟點單獨作業時，班長要進行確認。

⑤考核學員的訓練效果。檢查作業方法是否與作業指導書的順序方法一致，有沒有不正確的作業動作，如果有要及時糾正；進行成品確認檢查，成品是否滿足品質、規格要求，有無作業不良造成的不良品。

通過檢查均合格後，該員工的工程訓練就可判定為合格。

19 生產異常要如何處置

生產異常是指造成製造部門停工或生產進度延緩的情形，由此造成的無效工時，也可稱為異常工時。

一、生產異常的種類

生產異常一般指下列異常：

1. 計劃異常：因生產計劃臨時變更或安排失誤等導致的異常。

2. 物料異常：因物料供應不及時(斷料)、物料品質問題等導致的異常。

3. 設備異常：因設備、工裝不足或故障等原因而導致的異常。

4. 品質異常：因制程中出現了品質問題而導致的異常，也稱制程異常。

5. 產品異常：因產品設計或其他技術問題而導致的異常，或稱機種異常。

6. 水電異常：因水、氣、電等導致的異常。

二、如何處理生產異常

生產異常在生產作業活動中是比較常見的，作為現場管理人員應及時掌握異常狀況，適當適時採取相應對策，以確保生產任務的完成，滿足客戶交貨期的要求。

1. 瞭解生產異常

生產異常的出現具有很大偶然性。在生產現場，由於計劃的變更、設備的異常、物料供應不及時(斷料)等原因會產生異常。現場管理者可採取以下方法掌握現場的異常情形。

⑴設置異常管理看板，並隨時查看看板。

⑵通過「生產進度跟蹤表」將生產實績與計劃產量對比以瞭解異常。

⑶設定異常標準，通過現場巡查發現的問題點以判斷是否異常。

2. 處理生產異常

在發現現場的生產異常情形後，要在第一時間將其排除，並將處理結果向生產主管反映。

表 19-1　生產異常狀況排除

序號	異常情形	排除說明
1	生產計劃異常	⑴根據計劃調整，做出迅速合理的工作安排，保證生產效率，使總產量保持不變 ⑵安排因計劃調整而餘留的成品、半成品、原物料的盤點、入庫、清退等處理工作 ⑶安排因計劃調整而閒置的人員做前加工或原產品生產等工作 ⑷如計劃變更時，安排人員以最快速度準備變更後所需的物料、設備等

續表

序號	異常情形	排除說明
2	物料異常	⑴物料即將告缺前 30 分鐘，用警示燈、電話或書面形式將物料信息回饋給相關部門 ⑵物料告缺前 10 分鐘確認物料何時可以續上 ⑶如物料屬短暫斷料，可安排閒置人員做前加工、整理、整頓或其他零星工作 ⑷如物料斷料時間較長，要考慮將計劃變更，安排生產其他產品
3	設備異常	⑴發生設備異常時，立即通知技術人員協助排除 ⑵安排閒置人員做整理、整頓或前加工工作 ⑶如設備故障不易排除，需較長時間，應安排做其他的相關工作
4	制程品質異常	⑴異常發生時，迅速用警示燈、電話或其他方式通知品管部及相關部門 ⑵協助品管部、責任部門一起研討對策 ⑶配合臨時對策的實施，以確保生產任務的達成 ⑷對策實施前，可安排閒置人員做前加工或整理、整頓工作 ⑸異常確屬暫時無法排除時，應向上司反映，並考慮變更計劃
5	設計技術異常	⑴迅速通知工程技術人員前來解決 ⑵短時間難以解決的，向上司反映，並考慮變更計劃
6	水電異常	⑴迅速採取降低損失的措施 ⑵迅速通知行政後勤人員加以處理 ⑶人員可作其他工作安排

三、使用生產異常報告單

1. 生產異常報告單內容

發生生產異常，即有異常工時產生，時間在 10 分鐘以上時，應填具「異常報告單」。其內容一般應包含以下項目：

⑴生產批號：填寫發生異常時正在生產的產品的生產批號或製造命令號。

⑵生產產品：填寫發生異常時正在生產的產品的名稱、規格、型號。

⑶異常發生單位：填寫發生異常的製造單位名稱。

⑷發生日期：填寫發生異常的日期。

⑸起訖時間：填寫發生異常的起始時間、結束時間。

⑹異常描述：填寫發生異常的詳細狀況，儘量用量化的數據或具體的事實來陳述。

⑺停工人數、影響度、異常工時：分別填寫受異常影響而停工的人員數量，因異常而導致時間損失的影響度，並據此計算異常工時。

⑻臨時對策：由異常發生的部門填寫應對異常的臨時應急措施。

⑼填表單位：由異常發生的部門經辦人員及主管簽核。

⑽責任單位對策(根本對策)：由責任單位填寫對異常的處理對策。

2. 使用流程

⑴異常發生時，發生部門的第一級主管應立即通知技術部門或相關責任單位，前來研究對策，加以處理，並報告直屬上級。

⑵製造部門會同技術部門、責任單位採取異常的臨時應急對策並

加以執行，以降低異常的影響。

⑶異常排除後，由製造部門填寫「異常報告單」一式四聯，並轉責任單位。

⑷責任單位填寫異常處理的根本對策，以防止異常重複發生，並將「異常報告單」的第四聯自存，其餘三聯退生產部門。

⑸製造部門接責任單位的異常報告單後，將第三聯自存，並將第一聯轉財務部門，第二聯轉生產部門。

⑹財務部門保存異常報告單，作為向責任廠商索賠的依據及製造費用統計的憑證。

⑺主管部門保存異常報告單，作為生產進度管制控制點，並為生產計劃的調度提供參考。

⑧生產部門應對責任單位的根本對策的執行結果進行追蹤。

四、異常工時計算規定

1. 當發生的異常導致生產現場部份或全部人員完全停工等待時，異常工時的影響度以 100%計算(或可依據不同的狀況規定影響度)。

2. 當所發生的異常導致生產現場必須增加人力投入排除異常現象(采取臨時對策)時，異常工時的影響度以實際增加投入的工時為準。

3. 當所發生的異常導致生產現場作業速度放慢(可能同時也增加人力投入)時，異常工時的影響度以實際影響比例計算。

4. 異常損失工時不足 10 分鐘時，只作口頭報告或填入「生產日報表」，不另行填具「異常報告單」。

五、責任判定與處理

表 19-2 異常發生責任判定

異常發生原因	責任部門
未及時確認零件樣品；設計錯誤或疏忽；設計延遲；設計臨時變更；設計資料未及時完成；其他設計開發原因導致的異常	開發部
生產計劃日程安排錯誤；臨時變換生產安排；物料進貨計劃錯誤造成物料斷料而停工；生產計劃變更未及時通知相關部門；未發製造命令；其他生產安排、物料計劃而導致的異常	生產部
採購下單太遲導致斷料；進料不全導致缺料；進料品質不合格；廠商未進貨或進錯物料；未下單採購；其他採購業務疏忽所致的異常	採購部
料賬錯誤；備料不全；物料查找時間太長；未及時點收廠商進料；物料發放錯誤；其他倉儲工作疏忽導致的異常	資材部
工作安排不當造成零件損壞；操作設備儀器不當造成故障；作業未依標準執行造成的異常；效率低下前工序生產不及時造成後工序停工；流程安排不順暢造成停工	製造部
技術流程或作業標準不合理；技術變更失誤；設備保養不力；設備發生故障後未及時修復；工裝夾具設計不合理；其他技術部工作疏忽導致的異常	技術部
檢驗標準、規範錯誤；進料檢驗合格，但實際上不良率明顯超過AQL標準；進料檢驗延遲；上工序品管檢驗合格的物料在下工序出現較多不良；制程品管未及時發現品質異常(如代用錯誤、未依規定作業等等)；其他品管工作疏忽導致的異常	品管部
緊急插單所致；客戶訂單變更(含取消)未及時通知；訂單重複發佈、漏發佈或發佈錯誤；客戶特殊要求未事先及時通知；船期變更未及時說明；其他業務工作疏忽導致的異常	業務部
交貨延遲；進貨品質嚴重不良；數量不符；送錯物料；其他供應商原因導致的異常	供應商

在判定責任時應注意：

⑴特殊情況依具體情況，劃分責任；

⑵有兩個以上部門責任所致的異常，依責任主次劃分責任。

1. 各部門責任的判定

對於生產異常的發生，為采取改善對策，應對異常的責任進行判定，以便有針對性地管理。一般來說，可參考下表所列對異常發生的責任進行判定。

2. 責任處理規定

應制定相關規定，對異常發生的部門及人員進行處理：

⑴公司內部責任單位因作業疏忽而導致的異常，列入該部門工作考核，責任人員依公司獎懲規定予以處理。

⑵供應廠商的責任除考核采購部門或相關內部責任部門外，列入供應廠商評鑑，必要時應依損失工時向廠商索賠。

⑶損失索賠金額的計算：

損失金額＝公司上年度平均制費率×損失工時

⑷生產部、製造部均應對異常工時作統計分析，在每月經營會議上提出分析說明，以檢討改進。

20 現場的作業指導書

作業指導書(或稱工作說明書、操作標準書)就是規定某項工作的具體操作程序的文件，用於具體指導現場生產或管理工作，是作業指導者對作業者進行標準作業的正確指導的基準。

作業指導書說明了產品的流程、特性，是現場管理人員工作的依據，便於現場管理人員控制產品的品質、成本及產量。

1. 製作作業指導書的目的

製作作業指導書的目的有如下幾個方面。

⑴將作業內容正確傳達給現場的作業人員

以照片、繪製流程圖或是製成品各階段的實物等為輔助，本著任何人一看就能理解的原則，加上作業規範及注意事項，就形成了作業指導書。

⑵明確地表示作業方法，使作業簡單化、標準化

以製造業來說，能維持產品品質的一致性，是最佳的獲利之道，如果能夠使作業簡單化、標準化，就不會發生作業方法失當，造成品質偏差的情形。要消除偏差的情形，就需要製作作業指導書。

在標準書中，對作業項目、各項零件的規格值、作業重點、作業中應做與不應做的事項等，都要撰寫清楚。

⑶工作交接時的移交說明書

在工作線上，時常會進行作業人員的調整變動，在適應新工作方

式前，品質和產量往往會受到影響。此時，作業指導書可以讓新手順利上線，降低生產線異動的影響。所以，在撰寫作業指導書時，就要掌握明白、易懂的原則。

⑷現場指導員、監督人員容易進行工作確認管理

工作作業指導書還可以幫助現場人員進行管理，因為如果一切行為都標準化，在進行現場管理時，就能依標準書的內容進行即時糾正及指導，即使是非現場人員，也可以一眼看出作業的疏失。

⑸作業改善與製造新技巧的記錄

作業指導書不會一成不變的，有新的技術產生及工作方式改善，都要不斷修改作業指導書，所以要詳細記載作業改善的過程，作為研發新技術的基礎。完整的作業指導書要依據製造規格書製作，而且以讓所有人員累積工作技術經驗及增進技巧為目的。

2.現場作業指導書的編制

⑴現場作業指導書的編制要求

現場標準化作業是以現場安全生產、技術活動的全過程及其要素為主要內容，按照安全生產的客觀規律與要求，制訂作業程序標準和貫徹標準的一種有組織的活動。

全過程控制即針對現場作業過程中每一項具體的操作，按照技術標準、規程規定的要求，對現場作業活動的全過程進行細化、量化及標準化，保證作業過程處於「可控、在控」狀態，不出現偏差和錯誤，以獲得最佳秩序與效果。

現場作業指導書是對每一項作業按照全過程控制的要求，對作業計劃、準備、實施及總結等各個環節，明確具體操作的方法、步驟、措施、標準及人員責任，依據工作流程組合成的執行文件。

⑵現場作業指導書的編制原則

①體現對現場作業的全過程控制，體現對設備及人員行為的全過程管理，包括設備驗收、運行檢修、缺陷管理、技術監督、反應措施及人員行為要求等內容。

②現場作業指導書的編制應依據生產計劃。生產計劃的制訂應根據現場運行設備的狀態，如缺陷異常、反應措施要求及技術監督等內容，應實行剛性管理，變更應嚴格履行審批手續。

③應在作業前編制，注重策劃和設計，量化、細化、標準化每項作業內容。做到作業有程序，安全有措施，品質有標準，考核有依據。

④針對現場實際，進行危險點分析，制訂相應的防範措施。

⑤應分工明確，責任到人，編寫、審核、批准及執行應做到簽字齊全。

⑥圍繞安全、品質兩條主線，實現安全與品質的綜合控制。優化作業方案、提高效率、降低成本。

⑦一項作業任務編制一份作業指導書。

⑧應規定保證本項作業安全和品質的技術措施、組織措施、工序及驗收內容。

⑨概念清楚、表達準確、文字簡練、格式統一。

⑩應結合現場實際，由專業技術人員編寫，由相應的主管部門審批。

⑶現場作業指導書的編制條件

編制一本完整的作業指導書，必須具有以下條件：

①與製造規格書內容沒有差異

「製造規格書」是作業指導書的基礎，所以現場作業指導書的內容要和製造規格書保持一致性。

②作業人員容易理解，且不容易出錯

編制作業指導書時，應掌握以下原則。

· 減少文字敍述，以圖表或作業流程圖方式來表示，可以讓作業人員、監督人員一目了然。

· 整理重點。將要遵守的作業及項目以條列式整理，項目以 2～6 項為原則，方便作業員及管理者。如果指導內容較多，則在標準書的背面一一列出，不可有遺漏的情形發生。

· 一個機種、一個作業員的工作，以一張作業指導書為原則。

· 最好以圖示或是實物方式表現重點。

· 作業條件及數字，以不同字體大小、顏色標示。

· 詞句以實際作業者理解為佳。

③為不斷完善作業指導書做準備

要將每一次發生的不良內容或由於不注意導致失敗的「實例」記載於標準書的背面，日後在修訂時，可作為參考的依據。

④應實際需求加以修改訂正

雖然標準作業書已經將各種工作步驟說明清楚，但是在實際操作過程中，如果發現了更容易做、更能提高工作效率的方法時，就要進行即時修正。

另外，基本的「製造規格書」改變時，作業指導書也要立刻隨之改變，還要記載變更的過程。

⑷現場作業指導書的編制步驟

①收集有關的標準、規格書的資料

收集有關的標準、規格書，如製造規格書、製造標準書、製造工程圖及檢查標準。

②依據標準、規格書實施工作指導

依據製造工程圖分配作業人員，再依製造標準書、檢查標準進行分配作業。

③製作單位研定

作業指導書內容由製作單位自行研究決定，原則上一名作業人員一張，以便更靈活地調度運用。

④作業指導書的製作

作業指導書必須遵照標準、規格和必須遵守的條件加以明確製作。

⑤確認、制訂

作業指導書的內容，要由製造負責人確認並制訂。

⑥培訓作業人員

由運用標準書來培訓作業人員，可以使他們明確記住作業程序和主要重點，以確保品質的穩定，降低發生不良品的概率。

⑦作業指導書的管理

要讓作業指導書放在隨手可及的地方，並定期進行確認改善內容是否被完整記載。

⑧把握問題點

把握設計的變更、操作的變更、品質改善對策等問題點，以作為作業指導書修改時的要點。此外，在修改記錄上標示△符號，作為下次修改時的參考。

⑸作業指導書的書寫原則

在書寫作業指導書過程中，有以下幾項原則需要注意。

①分門別類

在書寫作業指導書時，需要依據工作機種、工作站、職場類別、工作單位及工作時程等為分類原則，如此在匯整時，才不致造成混亂。

②再三確認

在製作時一定要將正確的作業流程書寫清楚，不可遺漏任何一個步驟。此外，還要請廠長及製造負責人同步進行確認，在沒有確認前，不算製作完成。

③製作順序

在書寫製作順序之前，首先要仔細研讀「製造規格書」，根據規格書製作作業指導書，製作者要自己親自操作一遍，才能掌握住重點所在及考量到實際作業時發生的狀況。

當然，在編制作業指導書時，還要隨時掌握相關連的信息資料，特別是過去的品質管理記錄、經驗等特別事項，都要放在工作作業指導書當中。

此外，作業指導書是要由技術（研發）單位向製造單位指示製造方法。編寫好的作業指導書不能放在書架上，而要放在工作站旁隨時進行確認，所以適當的擺放位置應是操作時隨手可取得的地方。

作業指導書的用途，是要提醒操作者使用正確的作業方式，所以當作業過程中有問題時，要隨時翻閱，確認作業書的內容。作業指導書也是工作培訓時很好的教材，在進行新進員工職前訓練以及工作更換時，要認真利用作業指導書。

表 20-1　作業標準書

作業名稱：CP-1 設備操作　　　　分類編號：
作業方式：單人操作　　　　訂定日期：　年　月　日
處理物品：　　　　修訂日期：　年　月　日
使用器具：　　　　修訂次數：　次
防護器具：　　　　標準製作人：

工作步驟	工作方法	不安全因素	安全措施	事故處理
1操作前	1. 打開電源開關	轉子太重	拿取時小心注意	1. 受傷人員送至保健室治療 2. 包紮並赴醫院治療
	2. 設定轉速及溫度			
	3. 不同轉速需用不同轉子及號碼			
	4. 打開機門			
	5. 設定控制面板上轉子的號碼			
	6. 將轉子放入轉軸中			
	7. 樣品須平衡且對稱放入			
	8. 蓋上蓋子並轉緊			
	9. 關上機門			
	10. 按激活開關			
2操作中	……	……	……	緊急聯絡電話
3操作後	1. 打開機門			
	2. 打開蓋子取出樣品			
	3. 轉子擦幹並倒放於4℃冷房中			
	4. 擦幹機身內部			
	5. 關閉電源			

3. 準備作業指導書

為消除作業技能之間的差距，應該就各種具體作業製作相應的作業指導書，將作業標準製作成書面文件。

表 20-2　××電器有限公司作業標準書示例

<table>
<tr><td>程序 2</td><td>作業名</td><td>電熱器裝配</td><td rowspan="2">材料</td><td>材質</td><td>形狀</td><td>尺寸</td><td>準備時間</td><td></td></tr>
<tr><td colspan="3"></td><td colspan="3"></td><td>作業時間</td><td></td></tr>
<tr><td colspan="9">要點提示：略</td></tr>
<tr><td>種類</td><td colspan="6">作業順序</td><td colspan="2">記事</td></tr>
<tr><td>準備作業</td><td colspan="6">(1)裝恒溫片的底板、電熱器、石棉板、銘牌、中板等物的領料及適當容器存放
(2)作業台清理
(3)檢送裝配線，各潤滑部位注油
(4)空氣壓縮機啟動及壓力調整</td><td colspan="2">空壓調整請技術人員來操作</td></tr>
<tr><td>連續作業</td><td colspan="6">(1)裝恒溫片的底板在作業台上
(2)將電熱器置於底板上，並使其與底板各邊距離均等
(3)將石棉板置於電熱器上，並使溫均齊
(4)將中板置於石棉板上
(5)用 $1/4^{D}\times 1/2$〃螺絲套上墊片後鎖於前端
(6)用 $3/16^{D}\times 1/2$〃螺絲套上墊片後穿入中底
(7)套入銅墊片及銘牌後將 $3/16^{D}\times 1/2$〃
(8)取氣動起子及 10φ 套筒扳手將扳手鎖緊
(9)以高阻計檢查有無絕緣
(10)按(1)～(9)順序連續作業</td><td colspan="2">(1)注意雲母片相接長度
(2)使用氣動起子時要小心謹慎，避免碰到身體
(3)鎖緊各位置時力度要適當</td></tr>
<tr><td>作業圖</td><td colspan="8">略</td></tr>
</table>

作業指導書要明確作業要求的5W1H。

作業名稱——做什麼(What)?

作業時間——什麼時候做?在那道工序前或那道工序後(When)?

作業人——誰去做(Who)?

作業地點——在那兒做(Where)?

作業目的——為什麼要這麼做(Why)?

作業方式——所有工具及作業方法、關鍵要點(How)

上表是作業指導書示例。

4.現場作業指導

作業指導是進行現場培訓的關鍵,只有將具體的作業進行示範指導,並讓現場人員學習操作,才能發現問題並及時解決。

表20-3 作業指導要點

序號	指導事項	具體說明
1	作業說明	⑴著重、講解作業的5W1H,對現在從事的是什麼樣的作業進行說明 ⑵講解作業的要點,並重點強調關鍵工序和安全事項
2	示範操作	示範時,對每一個主要步驟和關鍵之處都要進行詳細說明,再針對重點進行作業指導,並讓現場人員試著進行操作
3	觀察指導	仔細觀察員工的操作,並不斷地將作業要點進行說明,如果發現有不規範、不安全的作業,要立即進行糾正

5. 如何實施作業標準化

作業標準化主要是作業方法的標準化。但作業方法的改進，必將涉及設備和環境的許多方面。因此作業標準化除了作業方法的標準化外，還包括作業活動程序、作業準備、作業環境整潔、設備檢查維修等方面的標準化。

在編寫作業指導書時，應注意以下事項。

⑴作業指導書必須要符合實際的作業程序，具有可操作性。

⑵完整準確，儘量將作業時所需的材料、部品(來自圖紙、規格書等)、機械、治工具等詳細說明。

⑶文字表達要準確、通暢，力求簡練，不可前後矛盾或不一致。

⑷要遵循統一的要求來編寫，文件的體例和格式要儘量統一。

⑸作業指導書是實施作業標準化、流程化的關鍵，在編寫時應逐條寫出作業的順序，且重點記入有關各作業順序的主要點和關鍵部位。

21 生產作業要標準化

生產作業標準化是對有關作業條件、作業方法、管理方法、使用材料、使用設備以及其他的注意事項等的基準作出規定，是設定標準、活用標準的組織行為。

品質不良和勞動災害的發生究其原因，可以說是生產作業標準化的不徹底和不遵守所規定的事項。如果不進行標準化，企業內外都可能會發生以下不良傾向：

· 作業者的不同導致作業方法不一致。
· 即使找到了最好的方法，也不可能把它傳達給別人或作為企業的技術保存下來。
· 由於作業方法不穩定，導致品質不良不斷發生、交貨期遲緩不斷出現。
· 工作災害發生多，不僅會給作業者個人而且也會給企業帶來很大的損失。
· 各種浪費發生將導致成本上升。
· 貨品不良發生多的話，將會失去對客戶的信用。這樣以後的訂單就會越來越少，甚至沒有訂單。所以實施標準化非常必要。

1. 與現場有關的標準化文件種類和使用方法

(1)技術流程圖

顯示技術步驟的流程圖僅是作業標準文件的一種，作為製作 QC

工程表時的基礎資料使用。個別接單生產的工廠僅用技術流程圖作為標準書向作業者作說明、指導。

⑵ QC 工程表

QC 工程表內寫有生產現場的技術步驟和其作業內容，在保證品質、技術上的檢討和對生產現場的指導、監督上發揮作用。

⑶作業標準書

寫明作業者進行的作業內容，起到傳達作業內容的指導作用。

⑷圖紙、部品表

圖紙、部品表在進行部品加工和組裝作業時，作為基準資料使用。

⑸工廠規格

對生產有關的各種規格作出規定。

在某範圍內從產品設計到調配資材、加工過程、檢查方法作出的規定，作為各種作業時的基準資料。具體有：圖紙規格、製圖規格、設計規格、產品規格、材料規格、部品規格、製造作業的標準、工程規格、治工具規格、設備規格、檢查規格、包裝規格。

2. 作業標準的活用

作業標準只有被遵守(活用)才有其價值，因此有必要建立能遵守標準的環境，同時應告知作業人員如何遵守作業標準。

⑴作業標準未被活用

①作業標準的存在未被週知

作業標準未被週知，一般存在兩種情形：一是不知有標準存在，二是忘記還有標準這回事。事實上，企業內有多種規章制度及標準，但因不斷增訂及變更，以致很多規章制度及標準不一定被執行，這固然可以說是有作業者一方的責任，但主管還是應承擔大部份的責任。

為達到規章制度及標準被眾所週知，其使用的方法很多。比如，可採取定時傳閱、工作場所現場演示及 TBM(Tool Box Meeting，工具箱前會議，即所謂工作現場的聚會)的說明等方法。把這些活動組合起來，既讓人們知道了標準的存在，又可讓人們知道如何去執行。此外，也有通過作業者指南列出一覽表，人們再將必要的事項以小本記錄並將其加以收存，或每人分配一本作業者指南。

當然，如果標準製作由相關作業者親自來參與，則類似上述問題將可大幅度減少。

②作業標準的內容存在一些問題

不遵守作業標準有時是因為作業標準的內容存在一些問題，例如內容不容易被瞭解，作業方法古怪，或內容太多，不知從何著手等。

如果不是實際作業者制定作業標準，那麼除事先需對作業實況好好掌握外，還有必要親自去試行。作業標準制定完畢即擱置、未經重新評估的例子隨處可見，其效果便可想而知。為使作業人員按標準行事，制定作業標準的人應該對作業標準的合適性作定期性的檢討，使作業標準易學易用。

⑵作業標準活用的方法

以下將對如何活用日常生產活動作業標準的方法加以說明。

①工作指示

工作指示，一般提供作業指示、圖紙，以及指定必須遵守的標準。同時，對零件(或產品等)要達成的功能、重要性能等加以解說。只要理解了作業目的，則既可以提高作業者的工作意願，也有利於作業者對標準內容的瞭解。

作業標準不完善的地方應由一線作業人員自行補充，以能吻合作業目的來進行作業為佳。

在量產過程中因大量複製產品而呆板地重複作業時，就有設法防止產生不良的需求，適當的時刻可使用防呆方法。這種場合也可以把客戶投訴的具體案例舉出來，並使作業標準化的目的徹底達到。

②作業標準的提示

同一作業在繼續進行，而且作業場所是固定的情況下，就可在操作臺顯眼之處，在圖紙上記載作業標準的內容，即把所有必須根據的作業標準內容記入圖紙上。

在圖紙上表示有困難時，應在每次作業時傳達指示，這是現場班組長的責任。但班組長難免也有疏忽的情況，所以，有時也必須由作業者反過來質問有無作業標準，養成這種習慣非常重要。

③實施與確認

實施與確認的責任，原則上是在作業者本身。

通常確認是根據作業結果的品質特性值來認定的，因此必要的測量儀器應該提供給作業者。確認的結果通常記入檢查表，使責任明確化。同時檢查欄要另設作業者、班組長及檢查者欄，對重要特性要作雙重檢查。

3.作業標準教育及訓練

對於與作業標準有關的班組長教育，不同的標準內容應有不同的訓練模式。重要的作業崗位需當作品質管制教育的一環來進行，並對作業者的實際操作技能進行確認。

4.關於遵守標準之人的問題

遵守標準的意識及技能水準非常重要，其提升的方法有教育、訓練及自我啟發等，同時需經常強調遵守標準的重要性。

如果標準內容有不妥之處，應積極改善，經修正之後的標準則必須徹底遵守。當然，每次工作都要看作業標準的話也會很麻煩，因此，應當在熟練掌握標準的情況下，隨時注意標準是否被修訂過，若是，則按修訂後的內容執行，如此循環。當然也有很多員工有不重視作業標準的習慣，更不用說注意標準是否已經修訂過，這樣繼續以原標準進行工作，則會產生不良品。對不重視作業標準的員工，應該培養他們的標準意識，使之認識到作業標準的重要性。

另外，為提高遵守標準的意願，可帶領員工參加活動，強化他們對作業標準重要性的認識。

無論如何，只要有「標準是屬於大家的」的意識，則員工會積極參與標準的遵守與修訂。但如果員工知識或技能水準過低，則即使想遵守也無法完成。因此，無論企業的作業標準制定得多麼完善，員工的訓練都是必不可少的。

5. 上司以及企業的風氣對作業標準的影響

一般來說，企業遵守標準時有嚴格與寬鬆之分，這是無法在一朝一夕改變的企業風氣，追究其起因，大都與經營者、管理者及監督者的態度有關。關於遵守標準，必須要有賞罰分明的嚴格態度，但態度不應只針對結果。

例如管理者本身很隨便，對作為品質條件的材料、機械及工具等並未採取任何措施，卻對不良的結果嚴格追究。在這樣的情況下，要下屬嚴格執行標準就很難了。因此，對管理者來說，應切記運用好「做給下屬看，說給下屬聽，並讓下屬做做看」的傳幫帶教育模式。

22 制定現場作業標準化

有一個「傳口令」的遊戲大家都不陌生。幾個人站成一排，由主持人將一句話告訴第一個人，然後第一個人將這句話傳給第二個人，第二個人再傳給第三個人……依此類推往下傳，一直傳到最後一個人，然後主持人問最後的一個人聽到傳來的是什麼「口令」。答案可能是模糊的一句話，也可能只是一個詞，甚至可能與主持人說的「口令」內容完全不相符。

為什麼會出現這樣的情況呢？因為口令設計得不標準，不標準的口令沒有精確的內涵，每一個人的理解就各不相同，每一個人按照自己理解的大概意思傳給下一個人，有的甚至進行了個人發揮，想當然地傳了一句模糊的「口令」，到最後一個人聽到的「口令」內容就變了調。真是差之毫釐，失之千里。

這說明了一個道理：在制訂工作計劃、措施、方案、安排時，用語要做到精準、精確、精細，能量化的要盡可能量化，避免使用「儘快、可能、大概」等模棱兩可的詞語，做好標準化工作，使班組中各項作業、每項活動都有標準可依，追求工作零誤差。

一、標準化的制定要求

標準化是追求效率、減少差錯的重要手段，也是班組精細化管理的要求。

1.具體、準確

很多企業、班組都有這樣或那樣的標準，但仔細分析，會發現許多標準存在不明確等問題，例如，「要求員工工作態度端正」。什麼是態度端正？每一個人的理解可能都不一樣。「要求冷卻水流量適中」，什麼是流量適中？界定的不是很清楚，執行起來有難度。我們可以這樣表達：「冷卻水流量適中，流速為……。」

2.明確操作方式和應達到的結果

比如「安全地上緊螺絲」。這是一個結果，應該描述如何上緊螺絲。應寫明使用什麼工具，向左或向右擰多少圈。又如，「焊接厚度應是 3 微米。」這是一個結果，應該描述為：「焊接工作施加 4.0A 電流 10 分鐘來獲得 3.0 微米的厚度」。

3.數量化

標準要非常具體，使每個讀過標準的人都能以相同的方式解釋。只有數字標準，才能達到這一要求，所以標準中應該多使用圖表和數字。例如，使用一個更量化的表達方式，「使用離心機 A 以 100/-50rpm 轉動 5～6 分鐘的脫水材料」來代替「脫水材料」的表達。

4.可操作

標準的可操作性非常重要，可操作性差是許多標準的通病。

像麥當勞、肯德基等洋速食，現在風靡全世界。而中餐館，在國外只能開到當地華人居住區。這裏面當然有很多原因，但麥當勞速食的標準化做得好是一個不爭的事實，它有一套完整的操作規程，包括食物製作標準，店址的選擇標準等。拿到它，嚴格按照要求做，一般沒有問題，所以加盟店開了一家又一家。

下列是麥當勞對店內物品的一個管理表格，對所有的物品都用數字給予了很好的標準規定，可操作性很強。

表 22-1 麥當勞的管理表格

序號	內容	規定
1	吸管	直徑 5mm
2	麵包	17mm 厚，氣孔直徑 5mm
3	可樂	溫度恒定 4℃
4	牛肉餅	重量 45 克
5	櫃檯	高度 92cm
6	等待	不超過 40 秒

二、標準化在管理中的作用

1. 明確工作要求

為各項作業制訂標準，實際上就是對員工提出了明確的工作要求，員工嚴格按照要求做，能夠把工作做得很到位。如果員工工作沒有達到標準要求，主管還可以依照標準對其督促、檢查。

2. 技術保存

標準化的作用主要是把班組內的成員所積累的技術、經驗通過文件的方式來加以保存，而不會因為人員的流動，整個技術、經驗就跟著流失。

如果沒有標準化，老員工離職時，他將所有曾經發生過問題的對應方法、作業技巧等寶貴經驗裝在腦子裏帶走後，新員工可能重覆發生以前的問題，即便在交接時有了傳授，但憑記憶很難完全記住。

表 22-2　作業標準的構成說明

構成部份	具體內容
作業過程標準化	· 作業過程是由一定的要素在一定空間和時間裏交替作用的結果，因此作業過程標準化首先體現在作業程序的標準化，其次是作業方法的標準化 · 作業程序的標準化包括宏觀方面和微觀方面，宏觀方面有工序銜接的標準、作業人員交接班的標準等；微觀方面主要是某個操作程序的標準 · 作業方法標準主要是指完成某項工作過程中各要素的配置情況，如人員、設備、工具、材料、運作方式、作業組織等的配置
人行為標準化	· 人行為標準化對安全具有重要意義，人作為作業過程的參與者，其作業動作應標準 · 作業中的交流也應標準化，包括交流手勢標準，語言、口令標準、交流方式標準等
作業環境標準化	作業環境標準化要求作業設備裝置性能良好，安全標誌及安全標誌牌設置良好，工具材料擺放整齊、標準等
作業設備檢修標準化	設備運行過程應按一定的要求進行檢修，這種檢修應程序化、標準化。對各種設備應根據其特點制定出檢查、維護、修理的標準
作業管理標準化	作業管理標準化包括管理制度標準化、安全信息標準化和安全業務活動標準化

3. 提高工作效率

有了標準化的資料、文件，班組員工按照標準去操作，會大幅度提高工作效率。因為嚴格按照要求制定出來的標準本身就是最好的工作方式。

4. 教育訓練的教材

可以把標準作為培訓教材對員工進行訓練，尤其是新員工。在很多跨國公司，員工上崗之前都會被要求學習員工崗位工作手冊，其實就是利用標準化的規則對員工進行教育訓練。

5. 問題改善

標準化實際上就是制定標準、執行標準、完善標準的一個循環過程，有了標準，在執行過程中才容易暴露問題、發現問題所在，持續改善，不斷提高。

因為有標準，才能夠更加容易對存在的問題進行改善。

三、具體的標準舉例

生產現場的標準主要可區分為三大類：工作標準、技術標準和管理標準。

工作標準主要對人，就是對人的工作品質做出的規定。

技術標準主要對物，就是一些技術文件。

管理標準主要對事，包括技術標準、檢驗標準、品質標準等。

1. 工作標準

文件、資料定置化擺放，辦公桌面上的常用物品用筆筒、文件套歸類。

對辦公桌上放置的物品應有一個標準：

表 22-3　辦公用品擺放標準

要(允許放置)	不要(不允許放置)
電話號碼本 1 個	照片(如玻璃板下)
臺曆 1 個	圖片(如玻璃板下)
文件架 1 個	文件夾(工作時間除外)
電話機	工作服
筆筒 1 個	工作帽

掛在牆上的班組制度、統計表格等傾斜的角度要統一，做到整齊有序，不能東倒西歪。

班組園地或班組介紹應做成標準化的東西。一是內部的板塊標準，每一部份是什麼內容，在什麼位置，都應該固定；二是可以採用 KT 版噴繪的方式，把它製作得規範、醒目。

喝水用的茶杯，要盡可能統一，一樣的顏色、一樣的大小，它們之間的擺放距離要基本大小相等。

安全帽、工作服要整整齊齊地掛在牆上，不能到處亂扔，並且要保持乾淨、無油污、無灰塵。

花盆要擺放在合適的位置，既要突出，讓進出的人們很容易看見，又不影響通行。勤澆水，勤整理，花盆裏不能有枯枝黃葉。

2. 技術標準

技術標準主要是一些技術文件，這些技術文件的一個基本要求是要通俗易懂，能夠為班組員工所理解、接受。

如果可能，儘量使用表格化的東西，因為表格化的技術文件，清晰、簡潔、一目了然。技術文件主要包括：

· 技術流程圖；

· 圖紙、部品表；

· 作業標準書。

技術流程圖、圖紙、部品表一般由技術管理部門制定，班組員工要做到能理解、會執行，並在工作中結合實際不斷對其調整、完善。

例如，員工在實際作業過程中可以利用下列的生產作業流程圖對班組作業流程不斷改進。

作業標準書是員工最常接觸的班組技術標準，它是指導員工日常工作的技術文件。員工在一定的條件下可以對其修改、調整。

作業標準書一般包括：

⑴機種、工位、編號、工時。

⑵作業步驟、作業內容、圖樣。

⑶作業注意事項。

⑷環境條件。

⑸使用工具、夾具清單。

⑹制定與批准簽名。

作業標準書一般懸掛在作業工位的正前方，高度以略高於操作員工的視線為宜，以便員工在作業時一抬頭就能看見，時時比對、參照。

3.管理標準

管理標準是最重要的班組標準，它是做好班組管理的綱領性文件。一定要按照嚴、細、實的要求精心制定。

下列是某設備管理標準，包括兩個部份內容：設備操作標準和設備保養標準。

操作人員對所用設備要做到：會操作、會檢查、會日常維護保養、會排除一般性故障。

a.會操作

熟悉設備結構、掌握操作規程、合理使用設備、精通技術。

b.會檢查

· 設備開動前，會檢查操作結構、安全限位是否靈敏，潤滑是否良好；
· 設備開動後，會檢查聲音有無異常，能迅速發現故障隱患；
· 設備停工時，會檢查與加工技術有關的要求，並能夠做較簡單的調整。

c.會日常維護保養

做好設備內外的清潔工作，熟悉一級保養的內容和要求。

d.會排除一般性故障

通過設備的聲響、溫度、運行情況等現象，能及時發現設備的異常狀態，並能迅速判斷出異常狀態的部位及原因，採取適當的解決措施。

23 透過試做能找出問題

通過試做可以設定最佳組合的生產要素；可以為重大決策指明方向，但是天天都在試做的產品，其品質八成不穩定。

試做是指：將生產要素按一定的條件重新組合後進行生產，確認其結果，並作出相應判定，處置的過程。

某廠一次重要試做，共投入試做材料 100 套，該試做品到了 QC 最後一個檢查工序時，只剩下 47 台，其他 53 台竟然不知下落，不得已，該班次的產品不能出貨，只好重新解體，直到找出另外的 53 台為止。很顯然，這種不該發生的損失，是由於識別管理失誤而造成的。

生產要素自身總是不停地變化著，有時某個要素出了問題；有時兩個要素相互抵觸……等種種突變，困擾著生產活動的順利開展。為了挽回生產，需要對生產要素進行新的組合才行，而試做正是新組合的「試金石」。

在實際生產活動中，有關不良對策的試做最為多見，其次是材料降低成本的試做。具體作法如下：

1. 明確試做的對象、目的、方法、時間、地點、數量

⑴安排試做的部門，首先設定好以上各事項，切莫將還沒想清楚的問題拿來試做，這只會給現場忙中添亂。

⑵每一次試做，最好只改變一個生產要素，不要同時改變多個，否則，你很難知道到底是那一個生產要素在起作用。

2.設置試做指定的條件，試做對象實施識別管理

⑴按要求變更好生產要素，如投入對策材料、調整設備，作業方法重新再培訓等。

⑵事先培訓好 QC 檢查人員所擔當的項目。如果 QC 檢查人員事先未獲得情報，對突來而至的試做品，就會手足無措。

⑶將試做品區分開來。

3.填寫《試做一覽表》，聯絡相關部門

表 23-1　試做一覽表

試做一覽表			試做NO	部署部門	股長	擔當
			P/M31-03	技術科		
發行日	製品名	部組NO	部組名	試做數	QA檢查	客戶承認
2013/5/13	T484	BU1542	P壓帶輪部組	100PCS	要、不要	要、不要
混入庫	出貨	出廠號碼管理	作業標書	設夾檢具	希望日期	標記形式
可、否	可、否	要、不要	更改、新做	修正、新做	2013/5/20	製造自定

1. 試做目的：現有來料的P壓帶輪表面較乾淨，確認部組能否取消超聲波清洗作業，以降低工時及成本。
2. 試做內容：P壓帶輪取消超聲波清洗，直接投入。

1. 製造擔當項目：⑴部組取消超聲波清洗作業。⑵總組測取30台RFV，REW側的磁帶驅動力與正常品相比較。⑶確認有無抖晃及電子變動不良。
2. QC擔當項目：確認有無自動返帶不良及自停不良。

續表

<table>
<tr><td colspan="3">3. QA擔當項目：⑴確認有無自動返帶不良及自停不良。⑵確認有無抖晃及電平變動不良。</td></tr>
<tr><td rowspan="3">製造及QC結果(作性· 品質上· 期望點· 其他)：
⑴本流按要求完成100台成品，並區分出給QA。⑵1/100台不能自動返帶(QC)，原因為壓帶輪髒汙，清洗後OK。二次原因為作業人員未戴指套所致。⑶測取30台REV及REW側驅動力數據，見附表。⑷全數確認沒有抖晃及電子變動發生。
2013/5/14</td><td>股長</td><td>擔當</td></tr>
<tr><td></td><td></td></tr>
<tr><td>合格</td><td>不合格</td></tr>
<tr><td rowspan="3">QA結果（品質評價· 判定）：⑴全數確認自動返帶及自停各式各10次，無不良發生。⑵全數確認抖晃及電子變動無不良發生。
2013/5/15</td><td>股長</td><td>擔當</td></tr>
<tr><td></td><td></td></tr>
<tr><td>合格</td><td>不合格</td></tr>
<tr><td rowspan="3">綜合判定：⑴綜合判定OK，但是工序內作業人員取拿P壓帶輪時，須注意防塵、防汙處理。⑵《標準作業書》隨後修改。⑶該批貨可以正常混入出貨。 2013/5/20</td><td>股長</td><td>擔當</td></tr>
<tr><td></td><td></td></tr>
<tr><td>合格</td><td>不合格</td></tr>
<tr><td colspan="3">物流：部件→總組→QA→包裝</td></tr>
</table>

將《試做一覽表》裏所要求的內容填寫清楚，交由相應的管理部門長承認生效後，若有實物，則連同《試做一覽表》一起送至相關部門。

4.開始試做，注意跟蹤

當所有的條件都準備好了以後，就可以開始試做，為了提醒相關作業人員的注意，可以在開早會時，聯絡大家。第一台試做品應與「試做開始牌」一起流動，最後一台要與「試做結束牌」一起流動。

⑴該牌可用硬白紙列印後過塑作成，格式統一。久而久之，作業人員及檢查人員就會留下深刻印象，見到該牌自然產生條件反射，知道該怎麼做。

⑵必要時，可將《試做一覽表》夾附在「試做開始牌」的背面，使得相應人員隨時可以查看，對試做內容更加明瞭。

⑶當試做數量大，前後連續時間很長，一個班次內無法結束，又恰逢交接班時，管理人員務必要通報清楚。

⑷當試做引發大量不良品時，兩班管理人員應及時下令中止試做，並將情報及時回饋到試做安排部門。

⑸當大試做中夾有小試做時，或是兩種試做同時進行時，可以在二次外觀上，做上不同標識，或在每個對象品上都掛好某一「識別條」，以防出錯。

⑹與試做對象相關的不良解析，其原因要追根究底，不能模棱兩可。一般來說，與試做相關的不良，要交付試做安排部門進行解析，其他修理人員不得擅自修理，以免影響試做安排部門對現象的確認。

5. 確認結果，情報回饋

⑴將試做結果記入《試做一覽表》，連同試做品一起送到相對應部門。

⑵試做安排部門進行綜合判定時，要定出取捨範圍，並以最快速度告訴其他相關部門，好讓其他部門能及時採取對策。

⑶如果試做不合格，成品需要重新修理時，應連同記錄完整的《試做一覽表》退回相應部門，上面要註明修理的理由和方法。

⑷如果試做品不能出貨，需要報廢時，則遵從相應的報廢手續。

總之，試做就是要找出生產要素重新組合後，有無問題發生，從而劃定生產要素的取捨範圍，使生產活動更加順利。

24 生產線不良品的改善處置

不良品是指一個產品單位上含有一個或一個以上的缺點。進行不良品控制，一方面要明確相關責任人的職責；另一方面，要分析不良品產生的原因。

表 24-1　不良品產生的原因

原因方面	具體示例
設計和規範方面	1. 含糊或不充分 2. 不符合實際的設計或零件裝配，公差設計不合理 3. 圖紙或資料已經失效
機器和設備方面	1. 加工能力不足 2. 使用了已損壞的工具、夾具或模具 3. 缺乏測量設備/測量器具(量具) 4. 機器保養不當 5. 環境條件(如溫度和濕度)不符合要求等
材料方面	1. 使用了未經試驗的材料 2. 用錯了材料 3. 讓步接收了低於標準要求的材料
操作和監督方面	1. 操作者不具備足夠的技能 2. 對製造圖紙或指導書不理解或誤解 3. 機器調整不當 4. 監督不充分
過程控制和檢驗方面	1. 過程控制不充分 2. 缺乏適當的檢驗或試驗設備 3. 檢驗或試驗設備未處於校準狀態 4. 核對總和試驗指導不當 5. 檢驗人員技能不足或責任心不強

1. 不良品產生的原因

不良品產生的原因有很多，具體分析如上表 24-1 所示。

2. 相關責任人職責

(1)作業員

通常情況下，對作業中出現的不良品，作業員(檢查人員)在按檢查基準判明為不良品後，一定要將不良品按不良內容區分放入紅色不良品盒中，以便班長作不良品分類和不良品處理。

(2)班組長

①班組長應每兩小時一次對生產線出現不良品情況進行巡查，並將各作業員工位處的不良品，按不良內容區分收回進行確認。

②對每個工位作業員的不良判定的準確性進行確認。如果發現其中有不良品，要及時送回該生產工位與該員工確認其不良內容，並再次講解該項目的判定基準，提高員工的判斷水準。

③一天工作結束後，要對一日內生產出的不良品進行分類。

④對某一項(或幾項)不良較多的不良內容，或者是那些突發的不良項目進行分析(不明白的要報告上司求得支援)，查明其原因，拿出一些初步的解決方法，並在次日的工作中實施。

⑤若沒有好的對策方法或者不明白為什麼會出現這類不良時，要將其作為問題解決的重點，在次日的品質會議上提出(或報告上司)，從而通過他人以及上司(技術者、專業者)進行討論，從各種角度分析、研究，最終制定一些對策方法並加以實施，然後確認其效果。

⑥當日的不良品，包含一些用作研究(樣品)或被分解報廢等所有不良品都要在當日註冊登錄在班組長的每日不良統計表上，然後將不良品放置到指定的不良品放置場所內。

3.不良品預防與控制

⑴執行不合格品的預防措施

①制定不合格品控制辦法。規定不合格品的標識、隔離、評審、處理和記錄辦法，並對員工進行培訓。

②明確各部門，崗位的作業規範。

③明確部門之間、崗位之間、上下工序之間的接口。

④制定企業品質標準。

⑤制定檢驗部門職責及作業規範。

⑥制定不合格品的隔離管制辦法。

⑦明確劃分不合格品評審的責任與權限。

⑧加強對不合格現象的統計分析，以防止不合格現象的重複產生。

⑵執行不合格品的糾工正措施

采取糾正措施，不能僅局限於產生了不合格品才去查找原因的「事後」處理辦法。更應重視「生產中可能出現不合格品」的「事前預防」措施，將不合格品控制在生產過程中。對產生不合格品的現象，應本著發現問題、分析原因、改進缺陷的順序，完成對不合格品的管制循環。形成管理的「計劃、實施、檢查、糾正(PDCA)循環」。

4.不良品的處理途徑

由於設計、加工、總裝配、測量器具、檢查方法、規格沒定等方面的失誤，導致產品在製造過程中產生不良。不良無時不在，無處不在。不良品的種類主要可分為：性能不良、機能不良、外觀不良、包裝不良等四大類。就其所造成的責任來看，可分為自責品和他責品兩種。他責不良品可從前工序(供應商)獲得賠償，自責不良品只能就地報廢。

自責品就地報廢，他責品則按相反方向逐級退回前工序。退回前工序主要的目的除了索賠外，還有回饋不良信息，防止再次發生。

5. 不良品退回之前要分清責任

只要運用恰當的檢測手段，大多數的不良品是可以區分出自責品和他責品的，但有些項目，如外觀不良品，卻不容易。所以，在前工序提供加工樣品時就要進行判定。

從技術角度判定產品品質的常用級別為：

A 級判定：產品特性完全符合品質規格(設計上)的要求。

B 級判定：產品部份特性偏離品質規格(設計上)的要求，但目前使用上無問題，由於成本、交貨期等方面的考慮，暫維持現狀，視時機進行改善。

C 級判定：產品特性完全不符合品質規格(設計上)的要求，需要立即進行改善。

判定時要：

⑴具體註明他責不良品的內容、程序、比率、發現經過。

⑵對於一開始就是 B 級判定的產品，中途因故無法使用時，需要預先通知前工序，本著「風險共擔」的原則協調解決。

6. 退回時要仔細確認

核對實物與「不良品清退一覽表」所記錄的具體內容、名稱、編號、數量是否一致。

自責品不能在生產現場就地報廢，而是要退回資材倉庫進行報廢。生產現場應對所有不良品進行造冊登記，即填寫「不良品清退一覽表」。該記錄與實物必須相符。若有修改的話，到後工序又會被賦予新的名稱和編號。在退不良品時，一定要使用雙方事先約定的名稱和編號，以避免引起別人誤解。

⑴外觀類的不良品在清退前由品管部門作最終判定，正如收貨時一樣，由品管部門(或者是 IQC)把關，可最大限度地減免工程內的誤判定。

⑵貴重類物料在判定為不良品前需要進行反證試做，裝在另一件產品上是否會再現？

⑶在測定、驗證上有難度的可由技術部門來確認。對不良品的判定、處理，技術部門同樣負有指導的責任。尤其是尺寸、材質、性能等方面的確認更是離不開技術的支援，不良品絕不只是生產現場的事。

⑷如果是定期累積清退不良品的話，則需要填寫「不良品清退一覽表」，同時在每一組相同不良品的實物上，還要貼附「不良品清退明細表」。

表 24-2　不良品清退明細

確認	日期	自________	責任方
		至不良品倉	
零件名稱			
零件編號			
零件數量			
不良原因			

7.實物上須標識不良部位或添附說明文件

要在不良品上標識不良部位或添附說明文字，這樣前工序一眼就能看到，無須再次翻查。如果是整批清退的話，則附上判定部門發出的文件。總之，標識盡可能顯眼些，必要時也可在外包裝上標識。

8.原路、原狀退回

原路退回是指與收貨途徑相反，返退回前工序(供應商)。原狀退回是指收貨時包裝方式是什麼樣，退回時就必須是什麼樣。因為任何一種與原先不同的包裝方式，都有可能在搬運途中造成新的損壞，而這又恰好成為前工序反投訴的重要證據。

若不良品在後工序就地處理的話(前工序負責)，則無須運送回前工序。如果需要運回前工序才能處理的話，則需填寫退回單據，以進行數量上的管理。

25 不良率降不下去的原因

不良是生產活動中的萬惡之首，造成不良的原因是多方面的、多層次的，決不能只把眼光盯在現場這一部份上。

不良是萬惡之首，不良居高不下，不僅使管理目標難以實現，甚至直接導致經營失敗，消滅了不良，企業才有生存和發展的希望，不良的形成與消亡，是有規律可尋的，不良降不下來的原因有以下這些方面：

1.責任、權限不明確，或沒有設置管理者

不良發生時，有的人不是積極出謀劃策，而是想方設法擺脫自己的干係，結果對責任歸屬的爭吵時間比不良研討的時間還要多得多，這一點在「本位主義」(一切為了自己平安無事)、「教條主義」(系統只要求我做這麼多)嚴重的企業裏最為明顯。如果可能的話，要將部

門、個人的分工以文字的形式給予明確化，對文字未有表述到部份，由上司的行政命令加以裁定。宣導既分工又合作的精神，只有這樣，不良對策的時機才不會被人為延遲。

2. 作業培訓不充分

新產品生產初期，或是新作業人員大量採用時期，作業不良總是特別多，趕也趕不走，其主要原因之一就是培訓不足，常見的培訓誤區有以下幾點：

①讓新作業人員跟著老作業人員學習，照葫蘆畫瓢。

②管理人員認為作業極其簡單，無需培訓，只要向作業人員出示樣品或文件就可以。

③不顧對方的接收能力，認為只要教了就一定會。

④心痛培訓費用，只操作一兩個樣品就急忙打住，讓作業人員在實踐中「成長」。

⑤只注意到對作業人員進行培訓，而忽略了對管理人員和技術人員的培訓。

⑥認為老作業人員從事新工種時不需要培訓。

以上種種誤區，都會導致事倍功半的效果。

3. 生產作業未標準化，標準化本身未加維繫

不少被稱為「遊擊隊」的工廠，從來就沒有什麼標準，全憑感覺工作。不僅作業人員缺乏標準的作業知識，有時連管理人員、技術人員也不知道該怎麼做才能更好。一旦人員變動，一切又得從頭開始，好的經驗未能傳接下去，品質處於較低水準也就理所當然了。

工廠對於《標準》、《規定》可沒能得到很好的執行，總是被人肆意改動。有的《標準》、《規定》的內容與實際作業相差甚遠，難以實行，但從來都沒有一個部門去修正《標準》與實際的出入……這種工

廠的品質多半不能長久穩定在一個高水準上。

4.短期改善目標沒有或不明確

尤其是不良已持續發生相當長一段時間，如果不制定短期改善目標，或者改善目標不明確，那麼人們就會有以下想法：

①本來就是有這麼多的不良，不可能改善！

②都已經出現這麼久了，要想撲滅不良，談何容易！

③反正上司都沒說什麼，何必「皇帝不急，太監急」呢！

在這種狀態下，要想一口氣剷除不良，必然遭到各種無形的抵觸。而要改變這一切，只有從設定短期目標開始，而且短期目標必須是明確的；經過努力就能實現的，如「把不良修理時間再縮短 30 分鐘」「把不良率再降 0.5%」等。

5.交流欠缺，協同配合能力欠佳

極少有人天生就不願意跟別人交流的，以下因素是造成交流欠缺的主要原因：

①聯絡途徑、「視窗」等未設定，不知道該找誰。

②語言不通，要通過翻譯才能交流。

③通信手段落後，聯絡困難。

④人際關係未理順，個人情緒影響工作交流。

⑤上司沒有創造交流的機會。

不良的解析及對策經常需要跨部門進行，如果缺乏交流，彼此就很難得到別人的理解和配合，最多公事公辦，因此影響不良對策的效率。不僅如此，缺乏交流，對一個組織來說還意味著活力的喪失，這是相當危險的。

6. 未在第一時間內，到現場對實物進行確認，未確實掌握不良的發生狀況

有的管理人員在不良剛發生時，見風就是雨，拿著不良品到處訴苦，一下子是要技術解析，一下子是要品保特採，過早地將不完全的情報散發出去，自己卻忘了詳細確認。途中被人問起相應數據時，又答不上來，不得不重新調查一番，白白浪費不少時間。在第一時間裏發出完整的情報才有意義。

7. 降低不良的計劃只限於文字記述化，並未兌現

不良發生後，立即召開「碰頭會」，磋商對策事宜，會上你爭我吵，好不熱鬧，花了大把時間，總算達成了一致意見，可會後沒有人監督實施，也沒再召開結果確認會議，好像開個會，不良就會自動消失似的。

這種情形多半是由於組織制度不健全，甚至是難以發揮作用時，才有人膽敢將組織決定視若兒戲而造成的。

8. 未對不良處理結果再確認，也未加以預防再發，或再發防止對策不完全

許多人都以為只要是對策肯定是百分百奏效的，要不然還叫什麼對策？因而不去確認結果。可實際上並非如此，有的不良對策要二次、三次，甚至歷時數年才能根治；有的不良對策還伴有一定的副作用，而這一切不確認結果是無從知道的。

積極的預防比對策本身更具有實際意義。如果是品質保證體系上的漏洞而造成的不良，那麼應完善體系，使體系具有預防功能，否則屢禁不止的不良必將耗去你大量的精力，相同的不良不讓它發生第二次，這也正是優秀管理人員的高明所在。

9. 不遵守約定之事

不良本身並不可怕，可怕的是對策人員的態度，當有人不遵守約定之事時，首先要解決的不是不良，而是人的問題，否則，就是再制定一百條、一千條的對策都不能得到執行，不良還是不良，你別指望會減少一台！作為組織的一員，當自己的意見不為組織所採納時，要麼五條件執行組織上的決定，要麼脫離組織，沒有第三條路可供選擇。

10. 5S 紊亂

5S 能為提升品質打下基礎，5S 紊亂的地方從來就沒有優良的品質可言。

11. 未按計劃培養硬派監督者

每一個生產要素都會或多或少地影響品質，人員要素至始至終貫穿全局，佔據著決定性的位置。一些做事有膽有識、雷厲風行、剛正不阿的人，應設置在監督者的位置上，這樣，那些想躲避不良、推脫工作的人，就不易得逞。

在有強硬監督者的組織裏，至少可以督促每個人去完成自己責任範圍內的事，做好最本職的工作，就算不能超額完成，也不至於拖累整體工作。

12. 品質情報不準確，數據未加收集計算，或情報嚴重滯後，未向上報告，也未加活用

不準確的品質情報，只會引起不必要的驚慌、混亂，而滯後的情報，會使不良處於無法收拾的境地，造成巨額損金。對情報的傳遞手法必須進行培訓，並規定統一的手法。品保部門適時發出有關品質動態的情報，就像戰場上吹響的軍號一樣，具有號召軍心，統率行動的作用。

13. QC 改善技法未能活學活用。

QC 改善技法是消滅不良的方法之一，許多人不能活學活用的原因主要有以下幾點：

⑴未能確切把握問題的類型，不知該用那種手法。

⑵沒有遵循統計、分析、判定、改善等基本步驟，以致手法本身也有漏洞。

⑶以為改善一次就萬事大吉，忘了有的不良需要逐次降低的原理。

14.改善例子未能橫向展開

如果部門間的情報聯絡不佳，不知道對方在幹些什麼，那麼相同的不良，可能每個部門都在低級地重複研討，造成巨大浪費。

對於成功的事例，高級管理人員要制定具體橫向展開的計劃，並監督實際落實，而不是在口頭上要求兩個部門間相互取長補短，弄不好，原本一個很好的改善事例還會成為部門間相互詆毀的導火線，一個認為別人的手伸得太長，一個認為別人太差勁。總而言之，要想消除不良，首先得消除管理手法上的不良。

26 要做好生產現場的工作日誌

做好日誌管理具有十分重要的意義，它可以為加強考核、分析成績和不足、提高管理水準、追查責任等提供重要參考依據。

1. 生產日誌管理方法

要做好生產日誌管理並不難，生產日誌管理的方法主要是設計一系列表格，層層下發，層層檢查，在填制後再層層匯總上報。

2. 生產日誌管理要點

(1)做好工作日誌管理

生產計劃部經理及以下各級生產管理人員（最基層一級）每日填寫工作日誌，作為事後檢查工作成效的依據。

表 26-1 生產管理人員工作日誌

姓名：　　　　日期：　　　　星期：

今日工作計劃	
1	
2	
3	
今日工作記錄	
1	
2	
3	
重要事項	

⑵做好工段(工序)作業日誌

工段(工序)作業日誌一般由工段(工序)負責人每日記錄。

表 26-2　工段(工序)作業日誌

工段(工序)名：　　　　　　日期：　　　　　　星期：

工作指令	工作代號	作業人員	時間 時/分～時/分	工時	製造數量	說明

⑶做好作業過程記錄

作業過程記錄由班組長負責，於每項作業結束時記錄，對於重複性作業如果沒有重要特殊事項，可以簡略記錄，註明「同某某日記錄」即可。

表 26-3　作業過程記錄

作業名稱		作業人員	
作業過程記錄、分析及總結			

⑷做好用料記錄

統計員、工廠統計員或分廠統計員分別統計自己所在層次的用料情況，每日統計，層與層的統計數要互相銜接，並與庫房相銜接。

表 26-4 材料消耗記錄

材料名稱或類別 耗用單位或工序				工作成果記錄	
				半成品	成品
合計					
昨日結存					
今日領料					
今日結存					

⑸做好工時記錄

由統計員統計直接發生的工時，工廠統計員、分廠統計員分別在下級統計報表基礎上匯總，每日統計，工廠每週匯總，分廠每兩週匯總。

表 26-5　工時統計表

年　月　日

工時／作業人員	標準工時	實際工時	累計工時	效率分析

⑹做好機器作業記錄

機器作業記錄由統計員填寫，並分報上級統計員和機電部；工廠統計員、分廠統計員分別在下級報表基礎上匯總，分別報生產計劃部和機電部；每日記錄，工廠每週匯總，分廠每兩週匯總。

表 26-6　機器運行日誌

年　月　日

<table>
<tr><td colspan="2">機器名稱</td><td></td><td></td><td></td><td></td><td></td></tr>
<tr><td rowspan="3">運行狀況
及操作員</td><td></td><td></td><td></td><td></td><td></td><td></td></tr>
<tr><td></td><td></td><td></td><td></td><td></td><td></td></tr>
<tr><td></td><td></td><td></td><td></td><td></td><td></td></tr>
<tr><td rowspan="3">效率統計</td><td>作業時間</td><td>停機時間</td><td>故障時間</td><td>待計時間</td><td>停電時間</td><td>產量</td></tr>
<tr><td></td><td></td><td></td><td></td><td></td><td></td></tr>
<tr><td></td><td></td><td></td><td></td><td></td><td></td></tr>
<tr><td>注意事項</td><td></td><td></td><td></td><td></td><td></td><td></td></tr>
</table>

⑺做好停工統計

停工統計由統計員實施，工廠每週匯總數據，分廠每兩週匯總工廠數據並報生產計劃部。

表 26-7　停工統計表

停產原因 / 時間 日期	待料	設備故障	設備保養	停電	作業培訓	現場整頓	其他

(8)做好產品統計及交接

表 26-8　班次產量統計及交接表

年　月　日

<table>
<tr><td colspan="2">工段或工序</td><td colspan="2"></td><td colspan="2">產品名稱</td><td></td><td colspan="2">產品編號</td><td></td></tr>
<tr><td rowspan="2">班別</td><td colspan="2">前班移交</td><td colspan="2">本牡產量</td><td colspan="2">本班移交</td><td colspan="3">交接簽章</td></tr>
<tr><td>成品</td><td>半成品</td><td>成品</td><td>半成品</td><td>成品</td><td>半成品</td><td>交</td><td>接</td><td>品質說明</td></tr>
<tr><td>早班</td><td></td><td></td><td></td><td></td><td></td><td></td><td></td><td></td><td></td></tr>
<tr><td>中班</td><td></td><td></td><td></td><td></td><td></td><td></td><td></td><td></td><td></td></tr>
<tr><td>晚班</td><td></td><td></td><td></td><td></td><td></td><td></td><td></td><td></td><td></td></tr>
<tr><td colspan="2">說明事項</td><td></td><td></td><td></td><td></td><td></td><td></td><td></td><td></td></tr>
</table>

這裏的統計主要是各班次統計，工廠、分廠統計可以用「生產日報表」和「生產月報表」代替。「班次產量統計及交接表」由統計員統計。

27 現場識別沒做好，就難找東西

識別是指按某種特徵，將事物予以區分開來。現場中，人們給各種生產要素冠以不同的名稱、代碼，其目的就是為了進行識別，而識別的目的又是為了防止生產要素被錯誤地理解和使用。良好的識別還能為提高作業效率打下基礎，在所有識別當中，最為重要的當數良品與不良品的識別。

識別可分為「人員識別」、「設備識別」、「材料識別」、「作業方法識別」、「作業環境識別」，工作重點如下：

1. 材料識別

(1)識別內容

①良品與不良品的識別。

②品名、編號、數量、來歷、現狀的識別。

③保管條件的識別。

(2)識別方法

①於外包裝或實物本身上，用文字或帶有顏色的標貼紙來識別。

如不良品用紅色油筆做上記號，或貼上標貼紙，寫上「不可使用」等字樣，必要時用帶箭頭的標貼紙註明不良之處。

②托載工具上識別。

如指定紅色的箱子、托盒、托架、台車等，只能裝載不良品，綠色的裝良品。

③於《現品票》上做標記或註明。

將變更、追加的信息，添註在《現品票》上。

④作成《移動管理票》添加在實物上，以作識別。

為了防止混淆，如試做品、對策品等，可在每個管理對象上添加《移動管理票》。

⑤分區擺放。

如貴重材料、危險材料等，其最有效的識別方法就是分區

擺放和加上明顯標識。不同材料擺放在同一貨架上時，也要對貨架適當區分，通常是大的、重的、不易拿的放在下層，小的、輕的竹存上層，每一層均田標牌揭示。

表 27-1　移動管理票

<table>
<tr><td colspan="3" rowspan="2">移動管理票
2013/4/1</td><td>股長</td><td>擔當</td></tr>
<tr><td></td><td></td></tr>
<tr><td>品名</td><td>編號</td><td>移動順序</td><td colspan="2">起始部門</td></tr>
<tr><td>C飛輪</td><td>BU1519</td><td>連續</td><td colspan="2">技術-製造-QA</td></tr>
<tr><td>區分項目</td><td colspan="4">區分內容</td></tr>
<tr><td>試做品</td><td colspan="4">設備、夾具更新、修正</td></tr>
<tr><td>改圖品</td><td colspan="4">新生產方法、生產條件部份變更</td></tr>
<tr><td>4M變更品</td><td colspan="4">更換製造商、成分變更</td></tr>
<tr><td>其他</td><td colspan="4">檢查方法變更</td></tr>
<tr><td colspan="5">備註：該批數量共1000PCS，IQC抽檢已合格，只需整批區分即可，QA確認OK後，該票即可作廢。</td></tr>
</table>

2.設備、夾具識別

⑴識別內容

①名稱、編號、校正日、操作者、維護者、現有狀態如何。

②安全逃生、救急裝置。

⑵識別方法

①於顯眼處懸掛或粘貼標牌、標貼。

如判定某設備異常時，需要懸掛顯眼標牌示意，必要時可在該標牌上附上判定人員的簽字以及判定日期等內容，然後從現場撤離，這樣其他人才不會誤使用。

②設置於專用場地，並附警告提示。

對粉塵、濕潤度、靜電等環境條件要求高的設備，可設置在專用地點，必要時圈圍起來，作上醒目標識。

③設置顏色鮮豔的隔離裝置。

對只靠警告標示還不足以阻止危險發生的地方，最好辦法就是隔離開宋，如無法隔離，應設有緊急停止裝置，保證任何情況下的人身安全。

④聲音、燈光提示。

在正常作業情況下亮綠燈，異常情況下亮紅燈，並伴有鳴叫聲。

3.人員的識別

⑴識別內容

①新人與舊人(熟練工與非熟練工)的識別。

②職務與資格的識別。

③不同工種的識別。

⑵識別方法

①用不同的佩戴來識別。

A. 用袖章、臂章、肩章采區分。如取得焊錫、粘接、儀器校正等認定資格的人，佩戴相應《認定章》。

B. 工卡顏色、人事編號不同，如姓名後加註職務和資格。

②用不同的著裝來識別，如不同質地、顏色、款式等。

A. 如新人的頭巾、帽子顏色與舊人完全不同。

B. 什麼職務穿什麼樣的服裝。

③成員相片化。

僅靠姓名有時還不能很好地分清誰和誰「一派」，將組織結構圖畫出，並在相對應位置上，粘貼本人相片，公佈於看板上。

4. 作業方法識別

(1)識別內容

①工序佈局、技術流程、品質重點控制項目的識別。

②具體作業指示、特別注意事項等的識別。

③作業之承認者、有效日期、實施擔當的識別。

(2)識別方法

①用文字、圖片、樣品等可識化工具來識別。

②顏色識別。

對圖文中重要的部份用黃色、紅色筆圈畫起來，提醒當事人注意。

5. 作業環境識別

(1)識別內容

①通道、工廠、辦公室、洗手間、吸煙區、禁煙區等的識別。

②各種動力電線、水管、氣管、油管等的識別。

③各種電器開關的識別。

④各種文件的識別。

⑵識別方法

①標牌識別

工廠名可直接在門上釘上標牌，禁煙區則可懸掛禁令標記。電線、管道在安裝時，就列印上編號或掛上標牌。尤其是電器開關的識別，要用顯眼甚至是帶有防止觸動功能的標牌。

環境識別用的標牌種類最多，同一工廠內對某一識別物所用標牌式樣要統一，說明文字力求簡單明瞭。

②顏色識別

如地面行走通道刷成綠色，作業區刷成青色，高溫區刷成紅色等等，顏色給人強烈視覺刺激，比文字更能給人深刻印象。

③分門別類加上定位識別。

對文件的識別通常採用此法。識別管理與 3S 活動密切相關，3S 活動為識別工作的效率化打下基礎，而良好的識別又為 3S 活動創造了可能性，二者相互依存、促進，實際操作時，亦要同步推進，才能收到明顯效果。

28 生產現場缺員的問題

1. 人員落實

人員落實是指針對下達的生產任務安排合適的人員，以確保生產任務的完成。人員落實工作主要包括人員分工、人員編排和任務分配等內容。

表 28-1 人員編排程序

序號	步驟	具體說明
1	瞭解生產工序	編排人員需瞭解生產工序的基本操作方法、基本作業時間等，並以此掌握生產工序的難易程度，分清主次關係
2	瞭解人員狀況	確定生產線上生產人員的數量，瞭解每個員工的生產技能和作業速度，以便進行合理的人員編排
3	進行人員編排	· 進行人員編排時，可根據生產線流程的先後順序和員工的技能水準，對他們進行合理的編排，並編制編排表 · 編排表的內容包括客戶、訂單編號、產品規格、產品數量、生產線人數、每個員工的作業內容、目標產量等
4	製作編排圖	編排完成後，編排人員需按生產線流程的先後順序繪製人員編排圖
5	編排的審核	編排人員將編排表和編排圖作好後，交給組長和主管審核簽字，並提前兩天張貼到生產流水線上

為了確保人員的編排、分工先進合理，既不使人員負擔過重、完不成任務，也不使人員負荷不足、出現窩工浪費現象，企業需對人員落實的關鍵問題進行分析。

人員編排完成後需出具編排表，其中最主要的部份是人員作業內容。

表 28-2　人員作業內容

作業名稱	人員姓名	具體工作內容
下料	王××	將產品原料按規定量、規定時間和規定投放方法投入到生產設備中
加工	孫××	按照設備操作指導書進行操作，對產品原料進行加工
配置	李××	將產品的各部件歸整，確保每個產品部件配置齊全
組裝	徐××	按規範將製造出的產品部件組裝起來，確保產品組裝正確、無遺漏
目檢	高××	目測產品規格、外觀、形狀等是否符合要求
調試	林××	進行產品試用及調試，確保產品完好、可正常使用
檢查	魯××	檢查製造出的產品部件是否合格，並將不合格品挑出
組合	趙××	將產品與產品說明書、質檢卡和售後保障書等匹配
包裝	張××	按要求將產品放入規定包裝盒子內並密封

2.解決生產缺員

生產缺員是指崗位需求與人員素質和數量不匹配的現象。生產缺員是一種相對的短缺，是企業在發展過程中產生的階段性問題，主要是由於企業發展對人力資源的素質和數量需求與人力資源供給關係不平衡所造成的。

培養多能工是解決臨時性生產缺員的方法之一。在實際工作中，人員的離去、缺勤難免會造成生產的缺員，但是由於培養了多能工，可以由多能工去頂替，這樣便避免了停產。

企業對於多能工的培養成果可透過「多能化實現率」來衡量，其具體的計算公式為：

多能工實現率＝∑(每個作業人員完成多能工訓練的工序數)/(班組總工序數×班組作業人員人數)×100%

企業可採取工作崗位輪換、師帶徒、技能競賽等方法進行多能工的培養。

①工作崗位輪換。工作崗位輪換是指讓每個作業人員輪流承擔自己所在作業現場的全部作業，經過一段時間的訓練，使每個作業人員熟悉各種作業，以成為多能工。工作崗位輪換可透過三種形式來進行：

表 38-3　工作崗位輪換形式

形式	具體說明
管理人員輪換	班組內的管理人員帶頭進行相互之間的崗位輪換，向班組內的員工進行親身示範
班組內定期輪換	把班組內所有的作業工序分割成若干個作業單位，排出作業輪換訓練表，使全體作業人員輪換進行各工序的作業，在實際操作中得到教育和訓練，最後達到使每個人都能掌握各工序作業技能的目的
工位定期輪換	多能工培養發展到一定的階段，可以2～4小時為單位進行有計劃的作業交替

②利用工餘時間進行「師帶徒」式的培訓，請有經驗的老員工進行「傳、幫、帶」。

③舉行多能工技能競賽，提高員工對多能工的關注，激發其學習新技能的興趣。

3.多能工的推行程序

多能工的培養可按照以下的程序進行推行，具體內容如下。

①多能工化推行對象的編組。

②評估各工序作業人員的現有水準。

③使用多能工龍虎榜，設定各作業者目標。

④充分利用加班時間，製作多能工培養日程表。

⑤在晨會、晚會中，定期地表彰多能工明星。

29 流水線作業跟點的基本方法

流水線上速度快的作業人員要適當放慢，速度慢的要適當加快，只有所有工序的作業工時保持平衡，流水線才不會堵塞。

流水線作業是指生產作業按照一定要求和節拍，連續不斷地通過各個工序。一般是以輸送帶為載體，以輸送帶上的線點的行進速度為節拍。

線點是指在輸送帶同一位置上，前後間隔距離相等，作上同樣的標識，這些標識就是線點。

有人戲稱流水線上的作業人員就像機器人似的，一刻鐘也停不下來。此話不無道理，流水線是迄今為止效率最高的生產方式之一，在現代企業生產上得到廣泛的應用，甚至連餐飲業都借鑑了流水線生產方式，如旋轉餐廳、廻轉壽司……這些其實都是「進食流水線」、「吃喝一條龍」。世界變化快，連吃都要講究效率。流水線生產方式的特點如下：

設立流水線本身就是為了大量生產，由於生產要素的高度集中，而且是按一定節拍運作的。所以每一台產品所需要的時間，每一個生產計劃的完成時間都能準確地計算出來。

由於生產的不間斷性，不良對策要及時進行，否則就只能眼睜睜地看著不良一台接一臺地發生。因此，「一切圍繞製造轉」的生產體制，是流水線生產方式能否順利進行的前提保證。

一條生產線需要多少人？每個人要完成那一部份內容？用多少材料？什麼時候送到？……等等問題，都要事先週密佈置，不能缺漏其中任何一環，否則生產就不能順利進行。

隔多長時間投入材料？每一個動作需要多少時間？手工作業、機器動作、材料搬運，……等都要遵循該節拍。太快不行，太慢也不行！一般來說，生產要素的運作節拍是由生產線的線點速度來決定的。

有的現場管理人員在利用流水線進行生產時，只注重投入數量和產出數量，有的甚至把流水線當做傳遞工具，從不理會什麼節拍不節拍的。一旦產出不夠時，就拚命加大投入量，也不管是否能夠消化得了。在現場中常常可以見到的場面：流水線上頭工序準確跟點，第二個工序開始就不跟了。要麼在點的前面，要麼在後面，越往後的工序，越不準確跟點，以致破壞了工時平衡。或者是從頭工序開始，就不跟點，做完就投入，任由作業人員比快。有時跳空幾點，一台機都沒有，有時加塞幾點，兩個點裏有三四台機，有些工序整天堆積，清都清不完。

還有的情形是流水線根本就不設節拍，做完就走，做不完的留下過夜，管理人員只是一個勁地催促每一個作業人員：「快點，再快點！」

還有的情形是當天生產快要結束前，後工序拚命清機，一台都不留下過夜。第二天生產開始時，這些工序又處於待機狀態，無事可做，結果形成「緊尾鬆頭」。

這些現象非但沒有發揮流水線的優點，可能還會直接導致作業品質的下降。

生產主管在現場的工作重點如下：

設某產品的生產共有以下 5 個工序：

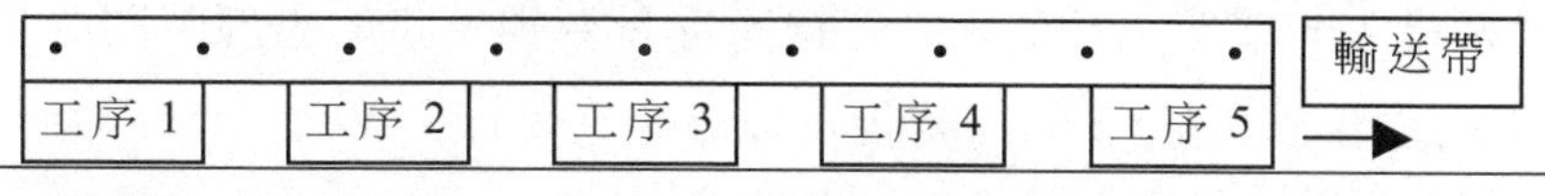

①· 為線點，整條生產線共設置 18 個線點(循環輸送帶)。

②該流水線共有 5 個工序，3 為組裝兼檢查工序，其他為組裝工序。

③生產計劃每日為 1200 台(8 小時)，即

節拍＝(8×60×60)÷1200＝24(秒/台)。

那麼：

(1)所有工序的作業工時必須≤節拍。

圖中工序 1 和 2 的作業工時＝24 秒時，最為經濟。而工序 3、4、5 的作業工時要視工序 3 檢出的不良的處理情況而定。又假設工序 3 每天約檢出 30～50 台不良機(隨機發生)，那麼，3、4、5 工序的作業工時有兩種情況出現：

①當不良立即得到修理，並投入到工序 3，那麼 4、5 兩工序的作業工時仍可以保持為 24 秒。

②當不良不能立即得到修理，要過一會才能再投入到工序 4，那麼工序 4、5 就會出現「跳點」現象，作業人員無事可做。當修理品又重新投入時，工序 4、5 又會出現「加點」現象。如果本身作業工

時就是 24 秒的話，只能等待下一個「跳空」出現時才能重新投入修理品。假如不良品是在生產臨近結束前才發生的話，那麼，可能影響當天的正常出貨。此時，4、5 工序仍維持在 24 秒的作業工時的話，則生產計劃無法完成。

對工序 1、2 而言，其節拍可以認為是強制性的，需要跟準 24 秒的線點作業。對工序 3 一般設定低於 24 秒。

為了防止工序 3 出現不良後，後工序出現「跳點」，可在工序 3 放置數台良品(已過工序 3，在線庫存)，一旦發生不良時，立即用良品代替投入。當然，工序 3 的在線庫存量要視不良的修理時間的長短而定，這樣工序 4、5 的工時仍可以設定在 24 秒。

⑵小型產品(佔地不足輸送帶寬度二分之一，單手容易取拿的)緊靠線點左右替換，不得壓點擺放。此時，線點應設在輸送帶的中央位置，產品依次在其左右替換，如下圖所示：

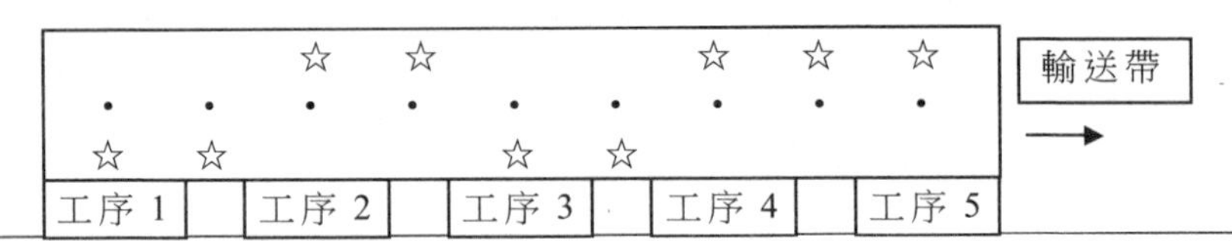

* ●為線點，☆為作業對象。
* 線點在流水線中間位置，作業對象依次在基左右處替換。

要注意兩種錯誤的跟點方法：

①順手推開未作業對象，放上已完成作業對象，然後再拿取未作業對象。這種做法，一不小心，就會累及產品外觀或其他品質項目，不宜提倡。

②先拿走未作業對象，然後再放上已完成作業對象。這種做法，勢必多增加一個「拿、放」的動作，造成工時上的浪費，同樣也不可

取。

③中型產品（佔地大於輸送帶寬度二分之一，要雙手取拿的），則要壓點擺放。先取下未完成的作業對象，然後放上已完成的作業對象。

④大型產品（無法取下放在臺面上作業的），作業人員與作業對象同時行進，邊行進邊作業，完成後，再回到下一個作業對象上。

⑶線點顏色要鮮豔，與輸送帶底色截然不同，且粘貼牢固，當有兩套以上線點時，識別顏色必須不同。

⑷線點的行進速度必須經常驗證，以保持固定節拍。

⑸輸送帶上不得搭建各種托架，這會阻礙作業人員取拿時的視線，也使管理人員在巡視生產線時，無法一眼看穿生產線，因而不能及時判定異常情況。

⑹前後兩條輸送帶的連接過渡處、轉彎處，要注意能否順利流動。

⑺前工序跟點投入時，作業對象的擺放方向要儘量為後工序的取拿方便著想。

⑻輸送帶要隨時保持清潔，可在前後兩頭，設置清潔拖布或粘物輥筒，清除輸送帶上髒物。

⑼由於設備、材料等出現不良等的原因，在中途工序出現大量堆積時，首先要將堆積的作業對象離線存放好，失去的工時要等量往後延長。

⑽輸送帶的開動和停止命令由相應的管理人員下達，作業人員不得擅自開動或停止。

⑾不熟練的頂位對工時平衡破壞最大，常常出現堆積，務必小心安排好。

⑿如果作業人員面向輸送帶的話，那麼左右手那個方便，就那個手取拿作業對象。如果是側對著輸送帶的話（左面側對時），那麼左手

取拿作業對象，右手操作設備、儀器較好。

⒀對從線點上取拿、替換的方法和時機，在作業人員上崗前培訓時加以說明，並使其嚴格遵守。

⒁生產結束時，必須將線點上產品遮蓋防塵，或收回工序內暫時存放，次日才重新擺放到輸送帶上(不能過夜的例外)。

⒂前後兩個工序之間的點數不少於兩點，點數設定越多，在線庫存越多。

⒃輸送帶的式樣和行進速度的設置，要考慮是否便於作業人員作業。

⒄手工傳遞式的流水線作業，要抓住第一個工序的投入速度，整條生產線的產出才有保障。

⒅重複工序的跟點作業，對擺放方向要有明確的規定，否則極易出現取拿錯誤。

跟點作業表面看很簡單，人人都會做，其實不然。「跳點」「加點」「堆積」都是生產出現異常的信號，也是發生品質不良的徵兆之一，高明的管理人員，善於從這些徵兆中發現問題，將其撲滅在初發階段。

30 生產現場的流程管理技巧

生產現場流程管理的步驟為：識別流程→描述流程→評估流程→優化流程→維護流程，所要達到的目標是班組活動流程的持續改進。

5w1h 又被稱為 6 何分析法，是對班組流程圖改進的有效思考工具，下面以一張表格來說明它的基本內容：

表 30-1 「六何」分析法

	現狀如何	為什麼	能否改善	該怎麼改善
對象(What)	做什麼	為什麼要做	能不能不做	到底應該做什麼
目的(Why)	什麼目的	為什麼是這種目的	有無別的目的	應該是什麼目的
場所(Where)	在那兒幹	為什麼在這兒幹	是否可在別處幹	應該在那兒幹
時間和程序(When)	何時幹	為什麼一定在那時幹	能否在其他時候幹	應該什麼時候幹
作業員(Who)	誰來幹	為什麼由這人幹	是否可由其他人幹	應該由誰幹
手段(how)	怎麼幹	為什麼這樣幹	有無更好方法	應該怎麼幹

在對班組活動流程進行仔細分析、比對的基礎上，可以對流程進行必要的調整，以達到最佳效果。

取消。看現場能不能排除某道工序，如果可以就取消這道工序。

合併。看能不能把幾道工序合併，尤其在流水線生產上的合併能立竿見影地簡化並提高效率。

改變。改變一下順序，改變一下技術可能提高效率。

簡化。嘗試將複雜的技術變得簡單一點，也能提高效率。

新增。增加必要的工作，以獲得更加滿意的工作品質。

無論對何種工作、工序、動作、佈局、時間、地點等，都可以運用取消、合併、改變和簡化、新增五種技巧進行分析，形成一個新的人、物、場所結合的新方法。如圖所示：

五種技巧分析圖

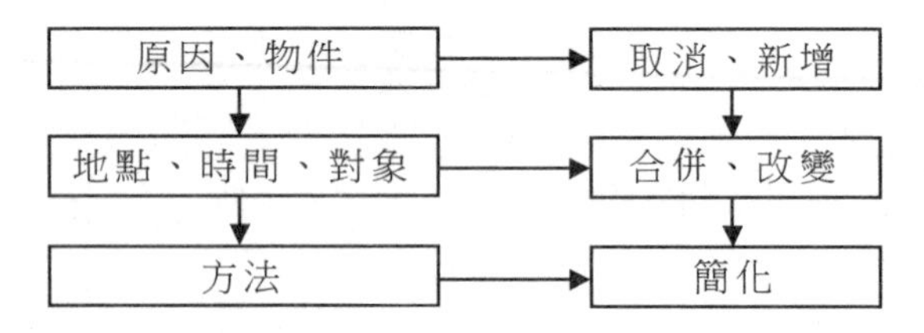

一、合併、簡化、調試

在生產現場管理中可以通過對生產、加工流程的合併、簡化，達到節約成本、提高效率的目的。

印刷企業的裝幀班，剛開始裝訂流程是這樣的：膠訂聯動線的下線圖書，需要逐本檢查，為此設立了一個單獨的工作組。這樣一來，下線的圖書，首先要碼放、搬運到這個組，再逐摞檢查、加蓋檢查標識、碼放，然後又運到打包組打包。

本來可以在一個工序進行的工作，經過了 3 個工序，僅碼放就重覆了 3 次之多。這樣的工作流程持續了 3 年多，大家已習以為常，並沒有覺得有什麼不好。

後來新調來一個班長，他發動班組員工想辦法對現場進行重新佈局，就地把聯動線延長，合理調整人員配置，順序檢查、打包，這樣班組工作流程更加合理，既能省工、又能省時。

改進前的流程圖：

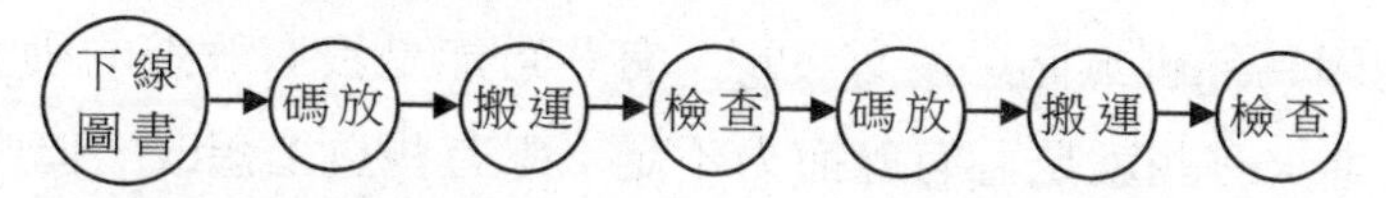

改進後的流程圖：

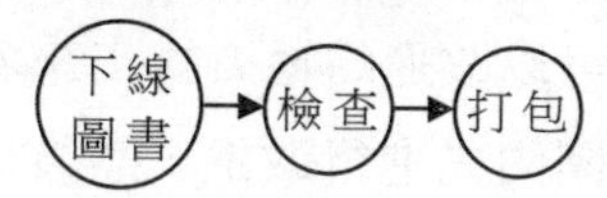

有一個班組原來的生產流程是這樣的：

按照這樣的作業流程，人工清理的勞動量非常大，且清理的不乾淨。後來，員工嘗試把人工清理這一作業程序放到預破碎以後，由於經過機器擠壓過後，材料體積變小，且更加容易清理，因而人工量大大減輕。不過這牽扯到設備的重新佈局問題，需要付出一定的努力。改進後的作業流程如下：

原來的生產流程圖

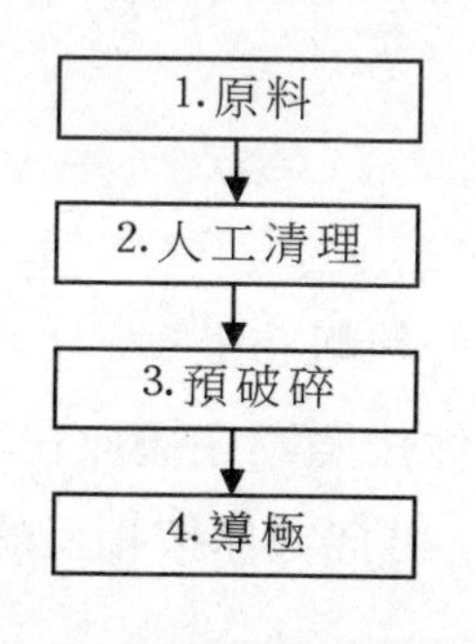

改進後的生產流程圖

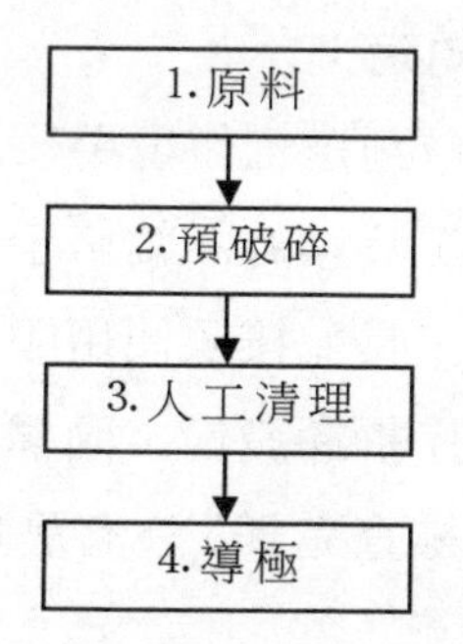

上面的針對流程的改善，主要通過對流程的精簡、合併來取得，

消除不增加價值的流程，或者意義很小的流程。在長期的生產過程中，經過不斷試驗，某些不可省略的流程，完全可以通過對其調整來達到改進效率、節約成本的目的。

有時候，一個簡簡單單的改進，就能夠帶來很大的效益。但為什麼在很多班組，班組員工不主動在這方面做工作呢？

有些是因為熟視無睹，沒有發現；有些可能是沒有改進的動力，不願意去改進；有些就是心有餘而力不足；還有些員工想改，但由於各方面的條件不具備而改不了。

面對這些問題時，班組員工首先要把可以改進的地方找出來看一看，目前那些可以改進，在力所能及的範圍內先進行改進，然後再加以推廣。不能改進的，盡可能創造條件改進，比如爭取上級的支援，只要對企業有好處，相信上級會盡可能為我們創造條件的。

二、理清流程，做好細節，班組日常管理更到位

1. 流程不能少，不能亂，要一步步走到位。

例如，企業在員工對設備進行維修保養時，對整個工作流程都進行了細緻地規定：

維修人員到達工作現場後：

⑴打開工具箱查閱維修手冊；

⑵取出工具並按照使用順序擺放在一塊帆布上；

⑶按順序拆卸設備，同樣將每個零件按照順序擺放在帆布上；

⑷全部檢查完畢，沒有發現問題後，再把零件按相反的順序裝配起來；

⑸收拾工具，把帆布上的灰塵倒掉後再裝進工具箱；

整個檢查過程完成。

很多企業的維修工十分不注重細節，到達現場後就開始拆卸零件，油乎乎的零件被隨手亂扔在地上，這樣很容易發生意外。

2. 做好每一步的細節工作，把小事情做細、做透。

在生產管理過程中，班組長首先應做好班組一日生產管理流程設計，要進行到二級流程或三級流程。

生產管理流程圖

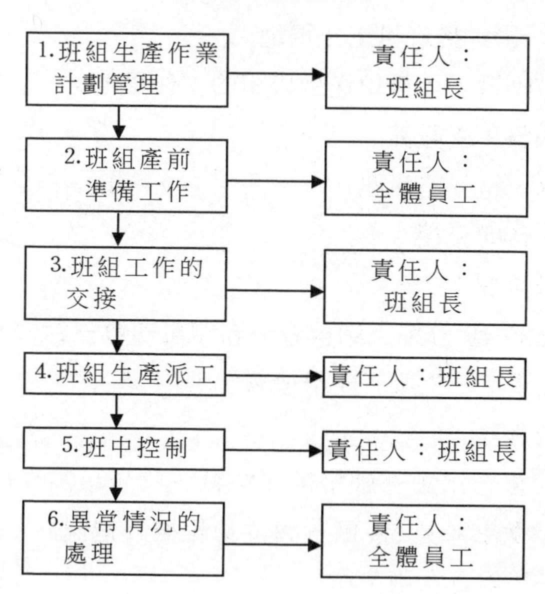

班組一日生產管理流程：

(1)一級流程

①班組生產作業計劃管理　②班組產前準備工作

③班組工作的交接　④班組生產派工

⑤班中控制　⑥異常情況處理

⑵二級流程

①班組生產作業計劃管理

a. 制定班組生產工作計劃；

b. 根據計劃，做好班組生產調度工作。

②班組產前準備工作

a. 準備好圖紙、技術標準等有關技術文件和資料；

b. 把所需的各種工具(夾具、量具、模具、刃具、輔助工具等工裝和工位器具)領送到班組工作場地；

c. 把所需物質和坯料領送到班組的工作場地；

d. 檢查調整生產設備；

e. 疏通水、電、路、訊。

③班組工作的交接

a. 交接班流程：

接班者提前 40 分鐘上崗檢查→召開班前會→對口交班→接班人簽字→交班人簽字→交班者開班後會。

b. 班前會程序：

接班班長檢查出勤→嚴格勞保穿戴→交班班長介紹當班生產情況→接班班長徵求意見(接班各崗位彙報檢查情況)→工廠值班幹部講話→接班班長佈置本班工作。

c. 班後會程序：

交班班長檢查出勤→各崗位彙報當班情況→班長總結→工廠值班幹部講評。

④班組生產派工

a. 根據作業順序和進度對班組任務進行分解；

b. 把分解後的任務落實到各個班組員工身上。

班組派工的兩個很實用的方式：單工序工票、加工路線單。

單工序工票，又稱短票、工作小票、工序票等，是班組在分配作業、下達作業指令時常用到的一種派工單的形式。

單工序工票以工序為單位，一序一票。一道工序加工完畢，工票就隨工件的驗收而收回，下道工序另開一張工票。每完成一道工序，收回該工序工票後，即在台賬上登記，以台賬隨時控制零件加工進度。

單工序工票適用於工序比較複雜的生產。

單工序工票的優點：週轉時間短，使用比較靈活，可以像使用卡片那樣，按不同要求進行分組、匯總和分析。

單工序工票的缺點：票證數量大，因而填寫、簽發工作量大，不便於統計核對。

加工路線單以零件為對象，按零件批別，一批開一張，指導工人根據既定的技術路線順次地進行加工。加工路線單跟隨零件一起轉移，各道工序共用一張生產指令。每完成一道工序就送檢登記，再送到下一道工序繼續使用。在這裏，加工路線單是派工指令，同時，又是進行作業核算，控制零件生產進度的依據。加工路線單適用於批量比較大的生產。

加工路線單的優點：內容全面，既是生產作業指令，也是技術路線和領料、檢驗、交庫的憑證，又是作業核算和統計的憑證，具有一單多用的作用，有利於保證管理數據的一致性。

缺點：若技術路線較長、工序較多、生產週期較長的情況，會因一票多序，一票流傳到底，中間交接環節多而容易損失或丟失，或因時間太長而失去對生產過程的控制。

所以，在實際工作中，很多企業把單工序工票和加工路線單結合起來使用，即加工路線單留在班組做在製品流轉之用，班組再按工序給工人開單工序工票進行加工。

⑤班中控制

班組長現場巡視，掌控生產計劃的執行情況。技術員重點觀察，看班組員工工作方法是否合適以及技術標準的執行情況。班組長個別溝通，把握員工精神狀況及士氣。

⑥異常情況的處理

發現問題→向工廠或廠調度彙報情況→組織本班人員進行處理→必要時請廠相關部門人員配合解決→處理完畢填寫交接班日記→向工廠調度彙報處理情況。

班組長還要填寫一張生產異常情況報告單，作為現場異常情況的記錄及向上級報告的憑證。班組長還要做好每一個環節的細節工作。

例如：班組長現場巡視必備工具：

觀測工具——碼表，對作業時間和速度進行觀測。

測量工具——卷尺，對作業位置和作業空間高度進行測量，及時測出高度和距離上的不合理。

計量工具——計數器，用來瞭解生產數量與目標數量的差距。

記錄用具——記錄紙和圓珠筆，隨時記錄生產中出現的情況。

計算工具——小型計算器，對各種數據進行快速計算。

聯絡用具——相關部門電話簿，如有特殊情況可快速聯絡。

在「把所需物質和坯料領送到班組的工作場地」這一環節中我們需做好的關鍵細節是：

物品的擺放要按照使用的先後順序，先使用的在前，後使用的靠後；要進行抽檢，看是否符合品質要求。

3. 班組操作記錄的填寫要求：及時、準確、完整、清潔。

及時：按規定的時間進行記錄，絕不允許事前記錄或事後估計推算記錄。

準確：要求記錄可讀，讀數偏差小，例如差錯率小於 1%。

完整：要求項目齊全，能反映生產過程中的各個環節。

清潔：記錄用仿宋體填寫，乾淨整潔，例如塗改率小於 1%。

像這樣對班組每一項工作都進行活動流程的預先設計，並嚴格執行，可以保證工作不漏項；在此基礎上，再做好每一點的細節工作，班組工作就一定會更加到位。

31 生產現場要善用目視管理

生產現場最常用到的是目視管理，目視管理法就是將所有的管理方法以及管制內容全部展示出來，一目了然，讓人一看就能明白其內容。

1.確定管理對象

生產現場的目視管理就是對生產現場的進度、物料或半成品的庫存量、品質不良、設備故障、停機原因等狀況，以視覺化的工具進行管理。

生產現場的目視管理的對象涵蓋生產作業、品質控制、設備、安全管理等方面。

2.使用目視工具

在現場實施目視管理，要結合具體的現場佈局及作業形式。

3.檢查目視效果

目視管理的效果如何、是否有需要改進之處，這需要對目視管理的效果進行檢查。在開始目視管理活動之前，必須瞭解現場的問題點，並進行針對性地檢查。具體實施檢查時，可以設計一個檢查表。

表 31-1 目視管理對象

序號	類別	項目對象示例
1	作業管理	⑴目視作業標準：利用照片、圖片做成的作業標準書、作業指導書 ⑵色別管理：工具、零件放置場所的顏色管理 ⑶異常警示燈(電光標示燈) ⑷標示、看板：依管制圖展開的工程管理計劃 ⑸人員配置圖 ⑹安全標誌：危險區域的標示
2	排程交期管理	⑴生產進度管理板 ⑵產量管理板 ⑶生產計劃表 ⑷派工板或排班板
3	品質管理	⑴品質樣品看板 ⑵不良品管理，如使用紅色膠筐表明不良品區 ⑶各種檢驗指導書，以圖示的形式展示
4	設備管理	⑴設備都掛上相應的標誌牌 ⑵操作動作的順序指引 ⑶設備的定置管理 ⑷危險作業部位用顏色加以區分，緊急停止開關(紅色) ⑸加油色別管理：加油口的顏色標示 ⑹儀錶安全範圍色別管理：在管制內、外的顏色區分
5	安全管理	⑴使用各種安全標誌 ⑵使用安全標語 ⑶使用安全看板

表 31-2　常用目視管理工具

序號	目視工具	具體說明
1	看板	能直觀顯示各種問題，使人一看就能明白，如不良品看板、進度看板
2	信號燈	⑴發音信號燈，用於物料請求通知 ⑵異常信號燈，顯示作業中的各種異常情形 ⑶運轉指示燈，顯示設備是否正常運轉 ⑷進度燈，多用於組裝生產線，用來控制組裝作業的進度
3	錯誤防止板	⑴分為橫縱軸，橫軸表示日期，縱軸的時間間隔通常為 1 個小時，一天用 8 個時段區分 ⑵每一個時間段記錄正常、不良情況，讓作業者自己記錄
4	操作流程圖	將工序配置及作業步驟以圖表示，通常將人、機器、工作組合起來而製作
5	公告欄	用於公佈一些日常事項，如加班安排、放假通知等

表 31-3　目視效果檢查

項目	檢查內容	非常好	好3分	普通2分	差1分
儀器設備	設備有標示機台的編號、名稱				
	設備上方平台設有擺放物品的區域				
	機械的危險區域進行相關標示(黃色、斑馬斜線)				
	測量儀器的金屬部份設有隔離措施以防碰撞				
	測定儀器正確擺放				
生產作業	各種台車、手推車進行標示				
	作業台都做好相應的定置工作				
	設置生產進度看板,及時瞭解各種生產信息				
	製作作業指導書,並放在作業台上方				
	使用生產計劃表,並在看板上展示				
	日常的排班都有排班表和派工看板				
品質管理	設置不良品看板,對生產中的不良信息及時公佈				
	使用品質樣品看板				
	設置品質公佈欄,定期公佈不同類型的產品的相關品質信息				

續表

項目	檢查內容	非常好	好3分	普通2分	差1分
品質管理	設置關鍵工序控制點,並使用相應的標誌牌				
	製作檢驗指導書,並配合相關圖示				
安全管理	設置安全欄,公佈安全作業情況				
	使用安全標誌,對各種安全問題說明				
	在現場使用安全標語,提高安全意識				
	使用各種安全顏色				
	對消防器材進行定位,並做好相應的標示				
環境管理	現場的各區域都掛上相應的標誌牌				
	對不同區域進行劃線,實施定置管理				
	現場的區域漆上不同顏色				
	現場的各種管理制度、生產紀律等都以看板的形式展示				
合計					

32 如何善用顏色管理

一、善用顏色管理

顏色管理就是運用人們對顏色心理的反應和習性及分辨能力與聯想能力，將企業內的管理活動和管理實物披上一層有色的外衣，使任何管理方法都利用紅、黃、藍、綠、白幾種顏色來管制，讓員工能自然、直覺地感知並有相同的認識和解釋。問題出現時，相關人員有共同溝通的語言與對問題的認同，並能設定個人或團體改善目標，及將來努力的方向，從而達到管理的目的。顏色管理的特點是：

⑴利用人天生對顏色的敏感性。

⑵是用眼睛看得見的管理。

⑶分類層別管理。

⑷防呆措施。

⑸調和工作場所的氣氛，消除單調感。

⑹向高水準的工作職場目標挑戰。

二、顏色使用原則

常見的顏色主要是紅色、黃色、藍色、綠色及白色，且各有不同的含義。

⑴紅色：表示停止、防火、危險、緊急。

⑵黃色：表示注意。

⑶藍色：表示誘導。

⑷綠色：表示安全、進行中、急救。

⑸白色：作為輔助色，用於文字箭頭記號。

三、顏色管理應用

⑴員工職能狀況。

⑵單位或個人生產效率。

⑶單位或個人出勤狀況。許多工廠考勤要打卡，上班前到達的時間顯示為綠色，而遲到的時間顯示為紅色。這樣管理者查檢查出勤狀況時，能一目了然。

⑷會議出席狀況。

⑸檔案管理。

⑹卷宗管理。

⑺表單管理。

⑻進度管理。

⑼品質管制。

⑽活動績效。

四、顏色優劣法的應用

顏色優劣法是實施顏色管理的主要手段，顏色優劣法也適用於其他工廠管理領域。產品的開發管理。依新產品的開發進度與目標進度作比較，個別以不同燈色表示，以提醒研發人員注意工作進度。費用管理。把費用開支和預算標準作比較，用不同的顏色顯示其差異程度。員工宿舍管理。每日將宿舍內務整理情況、衛生狀況等以不同顏色表示，確定不同等級並以此確定獎懲。

表 32-1　顏色優略法的運用

顏色應用實例	生產管理	品質管理	外協廠評估	生產安全	員工績效管理	開會管理
綠色	準時交貨	合格率95%以上	優秀	無傷害	效率在85%以上	準時參與者
藍色	延遲但已挽回	合格率90%～94%	良好	極微傷	效率在70%～84%之間	遲到5分鐘以內者
黃色	延遲一天以上但未滿兩天	合格率85%～89%	一般	輕傷	效率在60%～69%之間	遲到5分鐘以上者
紅色	延遲兩天以上	合格率85%以下	差	重傷	效率在60%以下	無故未到者

顏色層別法的運用如下：

1. 重要零件的管理

每月進貨用不同的顏色標示，如 1 月、5 月、9 月進貨者用「綠色」；2 月、6 月、10 月進貨者用「藍色」；3 月、7 月、11 月者用「黃色」；4 月、8 月、12 月進貨者用「紅色」。

根據不同顏色控制先進先出，並可調整安全存量及提醒處理呆滯品。

2. 油料管理

各種潤滑油用不同顏色來區分，以免誤用。

3. 管路管理

各種管路漆上不同顏色，以作區分及搜尋保養。

4. 人員管理

不同工種和職位分戴不同顏色的頭巾、帽子、肩章，易於辨別。如綠色肩章者為作業員、藍色肩章者為倉管員、黃色肩章者為技術員、紅色肩章者為品管員。

5. 模具管理

不同的模具漆上不同的顏色，以示區別。

6. 卷宗管理

依不同分類使用不同顏色的卷宗，如準備紅、黃、藍、綠四種不同顏色的文件資料夾：

⑴紅色代表緊急、重要的文書資料，即要優先、特別謹慎處理的；

⑵黃色表示緊急但不那麼重要的，即可次優先處理；

⑶藍色代表重要但不緊急的，可稍後處理；

⑷綠色代表不緊急、不重要的，可留到最後處理。

7. 進度管理

對生產進度狀況予以顏色區分，如綠色表示進度正常、藍色表示進度落後、黃色表示待料、紅色表示機械故障。

33 使用公開式看板

將一切可以公開的情報真實地、及時地告訴給每一個人，不僅能增強每個人的責任心，還能增強企業內部的凝聚力。

看板一詞來源於日語，原指小食店內掛在牆上供客人選看的菜牌，在現場裏泛指用來告示眾人某件事的公告欄、標識牌、警告牌等識別工具。

看板在現場裏得到廣泛的運用，它具有許多優點，現場人員眾多，情報來源廣泛，在情報傳遞過程中，人為刪改、增補的成分很大。沒有一份「官方」情報正式披露出來，勢必引發各種猜測、謠言，不利於人心穩定，更不利於統一行動。

現今的競爭不只是停留在同行之間，今天還運行好好的企業，明天產品就有可能賣不出去，就可能被別人吞併掉。將真實情況告訴眾人，能夠起到增強責任心、凝聚力的作用，當企業面對困難的時候，就能共渡難關。

再好的記憶力，危急之下也有疏漏的時候，為了防止遺漏，把重要的計劃、情報貼在看板上，時不時察看一下，就能起到提醒的作用，從而有效杜絕管理遺漏。同時，管理人員在調度各種生產要素進行生產時，如果看板上有最新數據提示的話，無疑為即時判定提供了方便。

新人初來乍到，常常分不清，看板就像指路標識一樣，方便又及時。

有的客戶會提出參觀製造現場(實為檢查)的要求，如果能利用各種看板對客戶進行相應的說明，就會給客戶留下「該廠管理井井有條、作業人員訓練有素」的好印象。其他兄弟單位前來參觀學習時，也能一目了然地道出關鍵所在。

在生產現場的看板管理，其工作重點如下：

1. 組織成員結構關係

每一個成員在組織中所處的位置，如果只靠一次口頭宣佈，很多人是記不住的，尤其是一些新人、其他部門的人，以及協作廠家的人就更不清楚，從而影響了聯絡工作。

①在每個人都要佩戴的廠牌上，貼上相片，並註明所屬部門及擔當職務。

②作成組織結構圖，在相應職務位置上貼上相片，註明姓名、職務，並在看板上張貼。

③當組織結構出現新的變更時，以上兩項都要隨時變動。

④如果不能包括所有的作業人員的話，至少也要包括所有的管理人員。

2. 生產進度，品質達成情況

有的管理人員以為，作業人員只需要執行上司的作業指令就行了，至於作業結果如何，沒必要知道。事實上，這只會導致作業人員對品質漠不關心，對生產進度毫不在意的局面。要想提升品質、降低成本、確保出貨期，離開作業人員的配合，簡直不可想像！

①《生產計劃》、《生產實績》、《出貨計劃》、《出貨實績》、《作息時刻表》、《每日考勤》、《培訓計劃》、《成品庫存》等情報在看板上張貼。

②《QC 檢查表》、《QA 檢查表》、《工序診斷結果》、《重點工序控

制圖》等情報張貼看板上。

③以上這些情報幾乎每一分鐘都在發生改變，通常以每一日，或每一個運作班次進行統計和更新。

④統計和更新的速度越快越好。

3.生產工序，重要設備佈局情況

整個工廠來說要有一份完整的建築物佈局圖，而對製造現場來說，就需要作成生產工序和設備佈局圖。

①工廠的佈局圖可以以建築物、道路為線索，用微縮模型或圖樣畫在大的看板上，該看板可以設立在工廠進出大門處或會議場所。

②現場可以按產品或者管理人員負責的範圍為線索，在 A3(或更大)大小的紙上，畫出生產工序和設備佈局圖，然後貼在看板上。

③每一幢、每一層建築物必須設置代號。

④最好按一定比例微縮在佈局圖上。

4.各種行政通知等情報

管理人員收到以上這些情報後，除了利用早晚會口頭聯絡眾人之外，還要將情報張貼在看板上，讓眾人過日，過一段時間後，再收回存放在文件夾裏。

①將這些情報的重點詞句，用色筆劃出，使人注意。

②行政通知張貼時間不要太長，約一星期足矣，否則別人會失去新鮮感，覺得沒什麼好看。

5.管理人員、技術人員行蹤一覽表

如果要找的人剛好不在，又不知道去那，有時還挺急人的！要麼折回頭，待會再去一趟；要麼向別人打聽，問出下落。碰到別人心情好時，很快就有結果，心情不好時，別人還嫌你麻煩！不管怎麼說，問別人都會給別人增添不必要的麻煩。

①在離辦公桌最近的看板上設立行蹤表，寫上所有業務活動地點，並依次畫出縱橫格子。

②每個人姓名都寫在小磁鐵塊上或小鉤牌上。

③到別處辦公時，移動寫有自己姓名的小磁塊或小鉤牌到相應處。

④歸位時，將小磁塊或小鉤牌移回原位。

⑤極短時間的上洗手間、喝口水之類的，無需移動「行蹤牌」。

⑥行蹤表上最好寫上每一處的聯絡電話。

⑦下班以後歸回原位。

6.製作看板時要注意的事項

⑴盡可能添加一些色彩、圖片、模型、實物等感性化的東西在看板上，以加深人們的印象。

⑵文字說明固然很重要，但是一旦貼上看板，就不如拿在手裏看方便，所以寫在看板上的文字，盡可能用大家喜聞樂見的表達方式。

⑶多用光滑白板、水性彩筆、磁鐵板、圖釘、夾子等便於暫書寫、暫固定的工具。看板上的情報幾乎天天都要取下更新，如果使用永久固定的工具，反而不方便。

⑷如果是露天看板，不僅要確保全天候都能看得清，還要防止風吹雨淋太陽曬所造成的破損。

⑸看板要就近設置，便於相關人員的使用。在離相關事物較遠的地方設置看板，就不能起到應有的作用。懸掛位置太高，也會造成視線不良。

34 主管要注重人員的出勤管理

出勤管理是班組人員管理的首要方面，事關員工考勤管理和工資結算，影響到現場人員調配和生產進度，涉及人員狀態把握和班組能否運轉。班組長要隨時把握員工的出勤狀態並進行動態調整，才能確保日常生產順利進行。出勤管理主要包括時間管理和狀態管理。

時間管理是指管理員工是否按時上下班，是否按要求加班等，其核心為管理員工是否按時到崗，主要表現為缺勤管理。一般來說，員工缺勤有遲到、早退、請假、曠工、離職等幾種情形。

1. 遲到、早退

對於遲到、早退等情形，應該向當事人瞭解原因，同時嚴格按照企業制度考勤。除非特殊情況，一般要對當事人進行必要的個別教育或公開教育，對於多次遲到、早退，且屢教不改者，應該升級處理。

2. 請假

員工請假需按照企業制度提前書面請假且獲得批准後才能休假。特殊情況下可以口頭請假，需要確認緣由，並進行恰當處理，既要顯示制度的嚴肅性又要體現管理的人性化。

3. 曠工

出現員工曠工時，應該及時聯繫當事人或向熟悉當事人的同事瞭解情況，確認當事人是出現意外不能及時請假還是本人惡意曠工，如果是前者應該首先給予關心，必要時進行指導教育，如果是後者則應該當做曠工事故按制度嚴肅處理.

表 34-1　員工出勤日報

項目／部門	編制		應出勤		實出勤		缺勤狀況（人數）									離職狀況（人數）			
	間接	直接	間接	直接	間接	直接	1	2	3	4	5	6	7	8	9	10	11	12	13
合計																			
	匯總		出勤率____%				累計缺勤率____%									累計離職率____%			
備註	1. 事假；2. 病假；3. 工傷；4. 公差；5. 年假；6. 婚假；7. 喪假；8. 產假；9. 遲到/早退；10. 曠工；11. 辭工；12. 自離；13. 開除																		

4.不辭而別

碰到員工不辭而別的離職情形，應該及時聯繫當事人或向熟悉當事人的同事瞭解情況，儘量瞭解員工不辭而別的原因。如果是工作原因或個人沒想好，該做引導挽留工作的要做引導挽留，就算是員工選擇了離職也要給予必要的感謝、善意的提醒，必要時誠懇地聽取其對公司、部門和本人的意見或建議。

員工出勤的時間管理可以根據「員工出勤日報表」進行出勤率統計分析，從個人、月份、淡旺季、季節、假期等多個角度分析其規律。例如，夏季炎熱，員工體力消耗大，因身體疲勞或生病原因缺勤的情形就會增多，掌握歷年來的規律能為班組定員及設置機動人員提供依據，提前準備、及時調配。

狀態管理是指對已出勤員工的在崗工作狀態進行管理，精神狀態、情緒、體力如何，班組長可通過觀察員工表現、確認工作品質進行把握，必要時可進行瞭解、交流、關心、提醒、開導，當發現員工狀態不佳、難以保證安全和品質時要及時採取措施進行處理；如果發現員工有個人困難而心緒不寧甚至影響工作時，要給予真誠的幫助。所以要學會察言觀色，對員工要出自內心地關心，確保生產順利進行，確保員工人到崗、心到崗、狀態到位、結果到位。

35 新員工要加強指導

一、新員工需要耐心去指導

生產現場人員指導的目的就是使每個現場的人員掌握從事其本職工作的技術及能力，在對現場人員進行指導時，應注意以下幾點：

新人初來乍到，人生地不熟的，也不清楚各種業務處理途徑，所以，作為班組長要耐心地指導新員工的工作。

對於新進人員，班組長在做現場指導時，可採取以下幾個流程：

1. 消除新進員工的緊張情緒

由於新的工作開始時，無論是誰，心裏都免不了有幾分緊張。如果班組長在現場指導人員時也板著臉的話，那可能導致新人緊張，結果越緊張越錯，越錯越緊張。所以，班組長在正式開始指導之前，可先找一兩個輕鬆、無關工作的話題寒暄，以消除對方的緊張心理。心裏一旦輕鬆下來，指導也就成功了一半。

2. 做好解說及示範

將工作內容、要點、四週環境逐一說明，必要時準備一份簡簡單單的說明資料給新人，待班組人員大致有了印象後，再實際操作一遍做示範。解說和示範的主要目的是讓對方在腦海裏有個印象，此外：

⑴儘量使用通俗易懂的語言，新員工如有疑惑時，要解答清楚；如有危害人身安全的地方，應重點說明安全裝置的操作方法和求生之

道。

⑵必要時多次示範。

3.一起做或單獨做

班組長解說和示範完了之後，就可與其一起做。如果在工序內就地進行的話，則必須準備相應的器材，從第一步開始，每做完一步，就讓新人跟著重複一步，對每一小步的結果都進行比較。當中出現差異的話，得說明原因在那，並讓操作人員自己來修正。反覆進行數次後，可單獨讓其試做一遍。此時，班組長要站在一旁觀察，以保萬無一失，此外：

⑴每做對一小步，都立即口頭表揚，意在消除對方緊張心理和增強信心。

⑵關鍵的地方讓其口頭覆述一遍，看是否記住。

⑶新人單獨作業過程中，培訓動口不動手，讓其自行修正到掌握為止。

⑷只確認新人單獨完成一套的過程是遠遠不夠的，如果班組長或其他負責指導人員時間允許，則可多確認一些。

4.確認和再指導

有人指導時，班組新進人員的作業結果偏差不大，而無人指導時，偏差就會更大。要確認新人是否真的掌握了作業，關鍵要看無人指導時的作業結果如何。

⑴作業是否滿足《標準作業書》所規定的各種要求？

⑵能否一個人獨立工作？

⑶差異產生時，能否自行修正？

班組人員能夠獨立工作後，對最終結果要反覆確認，直到可「出師」為止。

二、強調生產指令

實行 5S 的基本目的是提高員工的素養。在徹底實施 5S 的過程中，自然會產生遵守現場規則的氣氛。同時也確立了維持現場規則的基礎。

強調生產指令的遵守，須明確以下事項：

⑴明確生產的目的。

⑵告訴員工生產中應採取的必要的手段。

⑶明確交貨日期。

⑷具體地說明生產項目。

⑸明確指示「要嚴格遵守」的要點。

⑹對指示、命令的內容一定要求下屬做記錄。

⑺要員工確實地報告工作的內容。

⑻在生產進度減慢或異常發生時，要求員工迅速地報告情況。

三、對員工的個別輔導

每個人的能力、經歷、性格取向、價值觀、人生觀等都不盡相同，因此操辦同樣一件事情往往就有不同的結果，所以，對於能力差的下屬員工要個別輔導，使其達到平均水準。使每一個人的辦事能力都符合最基本的要求；而集中指導是為了明確集體目標，強調協同配合意識，以及借用眾人的智慧。

班組長在現場對班組人員進行個別輔導時有以下幾種方法：

⑴說明輔導

班組長要輔導能力欠佳的下屬人員掌握基本技能時，應事先準備一些實物和通俗易懂的文字資料、聲像資料，邊說明，邊注意下屬人員的理解程度，不明之處可反覆說明。

⑵諮詢輔導

對心裏惶恐不安，不能充分發揮能力的下屬人員，班組長應采取積極傾聽法。不停地附和下屬人員的言語，讓其將所有的問題都提出來，對其所提的問題均給予正面回答。「要是我的話，就這麼做！」「你的想法有一定道理！」此法是讓下屬消除心理上不安的因素，堅定對自己的信心。

⑶刺激輔導

能力高的下屬人員，班組長則不需作任何具體指導，只要在想法和要點上略作提示，不問過程，讓其充分發揮自己的能力就可以了。

⑷說服輔導

對於固執己見的下屬人員，班組長不能只是理論說教，更要事實加感情打動才行。先聽對方怎麼說，等對方說完之後，再一步步說出自己的看法。分析雙方差異的原因所在，縮小差異點，先執行共同點。

⑸挑戰輔導

班組長對於能力一般的下屬人員出色地完成工作後，除了首肯之外，還要適時交代更難一點的事項，讓其向更高一級的項目挑戰。

⑹答疑輔導

對那些自己有一套意見和想法的下屬，班組長不僅要盡可能地擺明自己的觀點、要求之外，還要回答下屬的提問，那怕下屬所提的問題十分膚淺，也給予熱心解答，讓下屬最大限度地接受自己的觀點和要求。

表 35-1　個別輔導計劃

輔導順序	輔導內容	輔導期間							輔導的反省	輔導期間							輔導的反省及追蹤
		4/1	4/15	5/1	5/15	6/1	6/15	7/1		5/1	5/15	6/1	6/15	7/1	7/15	9/1	
1	對燃絲工作場所工作的認識								對工作場所及目的認識尚需時日								
2	接受命令方法，報告方法的訓練								作為企業人對指示，報告有深刻的認識								
3	燃絲機的操作								不需多少時間就熟練								
4	換簡管未打結方法								可以靈活迅速作業								
5	產品搬運方法								本人提出了產品堆場時常變更而發生困擾的報告								
6	指示表的閱讀方法（項目的查核）								前任的說明不清楚，須繼續重複指導								

職務內容	對應能力的內容
職務內容： 1. 換原絲 2. 燃絲機的運作操作 3. 換簡管 4. 紗線的搬運	對應能力的內容： 1. 迅速地把所換下的末端打結成雙重多層結的能力 2. 正確地操作機器的運轉與停止鈕的能力 3. 停止已裝滿繩線的筒管，用捏剪剪斷紗線，而重新裝筒管的能力 4. 把產品的簡管不擦傷，不沾汙地搬到所定位置與其他紗線區別放置的能力

姓名	職稱	指導者名	可以指導的技術，特技燃絲技術	上司
×××	新進人員	×××		承認

四、如何管理新員工

新員工是指新近錄用的人。新員工初來乍到，對企業和班組比較陌生，因此現場主管要重點對其做好管理，以使其儘快適應企業的工作和生活。

1. 員工的工作安排

所有新員工在入職後，要依據其實際能力和生產需要安排其工作。具體來說，新員工由上級主管安排到各班組，各班組長再根據實際情形進行具體安排，通常從簡單的工作入手。

2. 新員工培訓

新員工在分配到生產現場前都會經過人力資源部組織的短期培訓，對企業及具體的生產作業有一個基本的瞭解。具體在派往各生產現場後，對其應針對實際的作業進行相關的培訓。具體的培訓要點如下。

1. 對其進行作業知識的培訓，包括生產流程、檢驗要點、裝配組裝等。可以作業指導書、製造流程圖等形式進行直觀展示。

2. 基本的作業要求，如穿工作服、實施標準作業、整齊有序地放置好材料和工具等。

3. 工作彙報。要告訴新員工掌握工作完成後的彙報要領。

4. 異常情形處理，如不良品發生、機械故障發生等要迅速告知上司。

五、如何宣導現場規則

生產現場有生產現場的規則，員工只有遵守現場規則，才能使生產正常、有序地進行。所以現場規則必須要讓員工明白，並切實執行。

1. 現場規則的內容

生產現場的規則不僅包括具體的作業規則，還包括各種基本的言行舉止規則。

2. 改變現場的不規範行為

現場員工不瞭解現場的相關制度規定，現場主管又沒有進行正確的教育指導，導致現場的各種不規範行為時有發生，嚴重影響生產。所以現場主管要採取有效方法，創造整潔、高效、和諧的生產現場。

表 35-2　現場改善的方法

序號	改善方法	具體說明
1	引導學習	現場主管應熟悉並嚴格執行現場規則，自己起到示範作用，引導現場員工學習並遵照執行現場的規則
2	信息交流	對現場管理中的各種生產進度、品質狀況等信息及時收集整理
3	評價工作結果	對指示了要執行的工作，要及時聽取工作彙報，看是否符合期待的結果，為提高成果，有必要對成果作公平、積極的評價
4	實施現場 5S	將 5S 的相關知識、做法等引入生產現場，提高員工的素養，形成自覺遵守現場規則的氣氛

六、對部門員工的集中指導

當然，通過個別輔導，班組人員「單兵作戰」的能力提高了，但是，這還不夠，還要進行集體指導，才能進一步提高組織整體「協同作戰」能力。班組長在現場集中指導下屬人員時，應注意以下要點：

(1)明確集體目標

一般來說，當人員中有人反對目標時，就是可能沒能讓其參與其中的緣故。可能的話，應讓每個人都參與目標制訂，這樣讓班組每個成員都成為目標的堅定執行者和擁護者。

①協同配合的好壞，取決於每個成員的參與意識如何，參與慾望高，則成功了一半。

②就達到目標的具體方法對員工進行指導和示範。

③創造動機使目標引起每個成員的共識、共感及共鳴。

(2)強調協同配合意識

①明確本部門需要配合的目標、內容、行動規則、獎懲規定等事項。職責一旦定下，所有成員就必須積極執行。

②強調尊重彼此的職責所在，先打招呼後行動。

③讓每個成員都認識到自己是不可缺少的，同時，也要讓每個成員認識到自己的工作要是沒有做好會造成的後果。

(3)利用集體的智慧

①班組在制訂行動規則、獎懲規定時，應聽取班組成員的意見，融入集體的智慧。

②班組長應最大限度放權，使成員有慾望自主完成工作。

③班組只要有了共同行動，才有可能進一步加深班組長與下屬之

間的相互理解，班組長不可只停留在口頭指揮上，要兩個不同部門的人協同配合，首先得兩個管理人員協同配合才行。

⑷提高員工的集體自豪感和自尊心

人人都喜歡在一個得到世人認可的團隊裏工作，有一份體面的工作。如一些著名大公司，每年都有一大幫人才在為能得到錄用機會而爭得「頭破血流」。如果你的團隊還不是一流的，那麼你就應該率領這支團隊朝一流的目標挺進，好的傳統、風氣、習慣要有意識地傳教下去，使每個人都緊緊地團結在一起。

七、宣導現場規則

生產現場有生產現場的規則，員工只有遵守現場規則，才能使生產正常、有序地進行。所以現場規則必須要讓員工明白，並切實執行。

現場員工不瞭解現場的相關制度規定，現場主管又沒有進行正確的教育指導，導致現場的各種不規範行為時有發生，嚴重影響生產。所以現場主管要採取有效方法，創造整潔、高效、和諧的生產現場。

生產現場的規則不僅包括具體的作業規則，還包括各種基本的言行舉止規則。

表 35-3 現場規則的內容

序號	項目	內容
1	認真工作	⑴按作業標準進行正確的作業 ⑵確認了指示內容後再採取行動 ⑶發生了不良品或機械故障，應立即報告 ⑷不在生產現場和通道上來回走動
2	學會問候	⑴早晨、晚上的問候語要大聲地說 ⑵進入會議室和辦公室等特別的房間之前，要敲門並大聲問候 ⑶在通道上遇上來往的客人時，要行注目禮
3	時間規律	⑴以良好的精神狀態提前 5 分鐘行動 ⑵作業在規定的時間開始，按照規定的時間結束 ⑶會議按時開始，也應按時結束 ⑷休假應提前申請
4	著裝要求	⑴要著與工作場所的作業相符合的服裝 ⑵廠牌是服裝的一部份，必須掛在指定的位置 ⑶工作服要乾淨
5	外表修養	⑴男性不要蓄鬍子 ⑵不要留長指甲、塗指甲油 ⑶保持口氣清新 ⑷女性應化淡妝
6	嚴禁吸煙	⑴不能在生產現場吸煙 ⑵不能在廠區內吸煙 ⑶不能在洗手間吸煙
7	言行舉止	⑴對上司要正確使用敬語 ⑵作業中不要說與工作無關的話 ⑶不可在工廠中走動 ⑷不做危險的動作
8	遵守約定	⑴對指示的內容，在催促之前報告其結果 ⑵借的東西要在約定時間之前返還 ⑶如看到了整理、整頓的混亂，不要裝著沒看見，可自己處理，也可告知責任部門

36 如何控制生產工序品質

工序是產品製造過程的基本環節。工序一般包括加工、檢驗、搬運、停留四個環節。工序品質控制是生產品質管理的重要環節。

制程檢驗是從來料入庫後到成品組裝完成之前所進行的品質檢驗活動。其目的是及早發現不合格現象，採取措施，以防止大量不合格品的產生及流入下一道工序。

1. 配置檢驗人員

為了保證順利完成鑑別、把關、報告、監督任務以及時配合生產，應配備專職檢驗人員。當然，品質檢驗隊伍的人數要少而精並相對穩定，每位檢驗員要「一專多能」，適應各工種的檢驗需要，做到整個檢驗工作人少而不緊張，忙而不亂，有序工作，配合生產。

在配置檢驗人員時，要根據實際的生產情況決定。具體的配置要點如下。

①對於產品種類較少、品質相對穩定的情況，檢驗員人數佔生產人員總人數的 5%左右為宜；反之，檢驗員佔 8%左右為宜

②對於實行「道檢」(即每道加工工序後跟一位檢驗員對產品品質進行檢驗)的工序，檢驗員要佔到生產人員總數的近一半。

③在實行抽樣檢驗的工序，可大大減少檢驗員的人數，可根據實際需要配置幾名即可。

2.製作檢驗作業指導書

制程檢驗作業指導書是具體規定檢驗操作要求的技術文件，又稱檢驗規程或檢驗卡片。它是產品形成過程中，用以指導檢驗人員規範、正確地實施檢驗工作而進行的檢查、測量、試驗的技術文件。

制程檢驗作業指導書要將檢驗的各項目進行具體說明，最好配以相關的圖示。

表 36-1 作業指導書內容設計

序號	項目內容	具體說明
1	檢測對象	規定受檢產品的名稱、型號、圖號、工序(流程)名稱及編號
2	品質特性值	按產品品質要求轉化的技術要求規定檢驗的項目
3	檢驗方法	規定檢測的基準(或基面)、檢驗的程序和計算方法、檢測頻次以及抽檢時的標準和相關數據
4	檢測手段	規定檢測使用的計量器具、儀器、儀錶及工裝卡具的名稱和編號
5	檢驗判定	規定數據處理和數據判定的方法與準則
6	記錄和報告	規定記錄的事項、方法和表格，規定報告的內容與方式、程序與時間
7	其他說明	對其他需要說明的注意事項一一列明

制程檢驗作業指導書應根據產品圖樣、標準、技術條件等進行編制，具體的編制要點如下。

①對該制程作業控制的所有品質特性(技術要求)，應全部逐一列出，不可遺漏。

②對品質特性的技術要求要表述語言明確、內容具體、語言規範，使操作和檢驗人員容易掌握和理解。

③必須針對品質特性和不同精度等級的要求，合理選擇適用的測量工具或儀錶，並在指導書中標明它們的型號、規格和編號，甚至說明其使用方法。

④當採用抽樣檢驗時，應正確選擇並說明抽樣方案。

3. 實施檢驗

制程檢驗從產品的首件開始，直到最後完工。

⑴首件檢驗

首件檢驗是在生產開始時或由於工序因素調整後對製造的第一件或前幾件產品進行的檢驗。目的是為了儘早發現過程中影響產品品質的系統因素，防止產品成批報廢。

由操作者、檢驗員共同進行。操作者首先進行自檢，合格後送檢驗員專檢。具體的檢驗要點如下。

①檢驗員按規定在檢驗合格的首件上做出標示，並保留到該批產品完工。

②首件未經檢驗合格，不得繼續加工或作業。

③首件檢驗必須及時，以免造成不必要的浪費。首件檢驗後要保留必要的記錄，如填寫「首件檢驗記錄表」。

機加工、衝壓、注塑過程中一般要實施首件檢驗，流水線裝配過程一般不實施首件檢驗。

⑵巡迴檢驗

巡迴檢驗是檢驗員在生產現場按一定的時間間隔對製造工序進行巡迴品質檢驗。檢驗人員應按照檢驗指導書規定的檢驗頻次和檢驗數量進行，結束後做好記錄，並將檢驗結果標示在工序控制圖上。

實施巡迴檢驗以抽查產品為主，而對生產線的檢查，以檢查影響產品品質的生產因素為主。生產因素的檢查內容如下。

①當操作人員有變化時，對新進人員的教育培訓是否及時進行。

②設備、工具、工裝、計量器具在日常使用時，是否定期對其進行檢查、校正、保養，使其處於正常狀態。

③物料和零件在工序中的擺放、搬送及拿取方法是否會造成物料不良。

④不合格品有無明顯標誌並放置在規定區域。

⑤技術文件（作業指導書之類）能否正確指導生產，技術文件是否齊全並得到遵守。

⑥產品的標誌和記錄能否保證可追溯性。

⑦生產環境是否滿足產品生產的需求，有無產品、物料散落在地面上。

⑧對生產中的問題是否採取了改善措施。

⑨員工能否勝任工作。

⑩生產因素變換時（換活、修機、換模、換料）是否按要求通知質檢員到場驗證。

巡迴檢驗中若發現問題應及時指導作業者或聯繫有關人員加以糾正。問題嚴重時，要適時向有關部門發出「糾正和預防措施要求單」，要求其改進。

⑶在線檢驗

在流水線生產中，完成每道或數道工序後所進行的檢驗稱為在線檢驗。一般要在流水線中設置幾道檢驗工序，以便檢驗人員實施。檢驗工序的設置及檢驗實施與工序品質控制點的設置及實施基本一致，可參考進行。

⑷完工檢驗

完工檢驗是對全部加工活動結束後的半成品、零件進行的檢驗。

完工檢驗的工作包括驗證前面各工序的檢驗是否已完成，檢驗結果是否符合要求，即對前面所有的檢驗數據進行覆核。

應該按照檢驗作業指導書、產品圖樣、抽樣方案等有關文件的規定，做好完工檢驗工作，禁止不合格品投入裝配。具體實施時，應針對以下重點進行。

①核對加工件的全部加要程序是否全部完成，有無漏序、跳序的現象存在。在批量的完工件中，有無尚未完成或不同規格的零件混入。

②核對被檢物主要品質特性值是否真正符合規範要求。

③覆核被檢物的外觀，對零件的倒角、毛刺、磕碰劃傷應予以特別的注意。

④被檢物應有的標誌是否齊全。

⑸末件檢驗

末件檢驗是在依靠模具或專用工裝來進行加工，並主要靠模具、工裝來保證品質的零件加工場合，在批量加工完成後對加工的最後一件或幾件進行檢驗驗證的活動。

末件檢驗應由檢驗人員和操作人員共同進行。檢驗合格後，雙方應在「末件檢驗記錄表」上簽字，並把記錄表和末件實物(大件可只要檢驗記錄)拴在工裝上。

37 每個員工都有「工作崗位手冊」

精細化管理強調規則意識，規則就是指在班組中建立的各項制度和標準。它們必須在經過深入調查、仔細推敲、認真琢磨的基礎上制定，規則的條款要儘量細化，符合工作實際，具有可操作性。

以「工作崗位手冊」來說明，一個具有基本能力的人，即使是第一次在崗位上工作，利用標準化的「工作崗位手冊」的指導，也應能很自如地操作。怎樣才能達到上述要求呢？

首先絕大多數員工能讀得懂。要求「工作崗位手冊」淺顯、清晰、通俗，即只要員工能夠認識上面的字，有基本的專業素養，就能夠領會、理解。

只要讀得懂就能學得會，把握得住。要求「工作崗位手冊」的每一個條款必須準確、嚴密，不能讓操作者有自由界定的空間。比如，「員工必須提前幾分鐘預熱機器」，就沒有「員工必須提前 8～10 分鐘預熱機器」清晰、準確、好把握。

可操作性差是許多企業制定標準時的通病。比較以下兩個表，感受一下什麼是可操作性。

A 企業設備月點檢表

設備機能	機能零件	方法	判斷基準、結果
凸緣壓入	光鼓搬送、送 PIN 汽缸	目視	送 PIN 穴最大偏移 3 以內
左右凸緣壓入	壓入汽缸外筒	目視、手觸	無外觀龜裂變形
壓入汽缸	本體	聽音、手觸	無空氣洩露
劑滴下位置及吐出量	左右平衡筒外筒	目視、手觸	能平緩運動
左右平衡筒本體	1#專用工具	手觸	OR 值小於 1，開放時指示 0 點

B 企業《空氣壓縮機操作規程》

序號	操作規程
1	操作人員應熟悉操作指南，開機前應檢查油位、油位計。
2	檢查設定值，將壓縮機運行幾分鐘，檢查是否正常工作。
3	定期檢查顯示器上的讀數和信息。
4	檢查載入過程中冷凝液的排放情況，檢查空氣篩檢程式，保養指示器，停機後排放冷凝液。
5	當壓力低於或高於主要參數表中限定值時，機組不能運行。

很明顯，A 企業的《設備月點檢表》可操作性就強很多，規則可操作性的具體要求：

1. 用語準確，界定清晰。
2. 能夠用數字表述的，儘量用數字，因為數字是最精確的。
3. 用語必須是員工能夠理解和接受的。

如果某一項標準或制度過於專業，超出了員工的理解力，要對此做好轉換工作，就要用通俗易懂的語言對這一項標準或制度進行再解釋。

即使自己做不到，也要努力爭取其他部門人員的幫助。一定要保證班組規則的每一項條款，員工都能夠清楚明白地理解。

某班有一條這樣的會議規定：下午 14 點鐘開會，13：59：59 為早到，14：01 為遲到。

在麥當勞，每個員工上崗的第一天都會領到一本屬於自己的崗位工作手冊，一個具有基本能力的人只要嚴格按照崗位工作手冊都能很好地完成工作任務，因為它的可操作性強。比如炸薯條，要求油炸時間在 10～12 秒之間，炸薯條的員工看著碼錶，到時間起鍋就行，這比依靠員工自己掌握火候要容易把握得多。

1. 首先要考慮一項工作內容所需要的工作程序，進行工作程序細化

假如一項工作是對大廳內的活動地毯進行清洗，其程序如下：

(1)準備清洗工具：清洗機、專用清潔劑、吸水機等；

(2)在清洗機裏倒入 20 毫升的清潔劑，加水 200 毫升稀釋；

(3)把地毯用水灑濕；

(4)打開清洗機電源開始刷洗，縱橫方向均刷洗兩遍，用力均勻；

(5)用吸水機吸去地毯上的泡沫及污漬；

(6)把地毯搬到有光照的地方晾曬；

(7)完全曬乾後，搬回辦公樓。

2. 然後再對每一工作程序提出細緻、可操作的標準和要求

賓館總台服務員崗位工作第一項工作內容：「客人入住時的手續

辦理」的程序細化。

魚翅圖是管理者常用的工具，是幫助細分工作程序的有用工具。先在分析對象上標明工作內容，然後再在主目錄上列出完成工作的主要步驟，主要步驟需要進行分解的再在次級目錄下面細分，直至完善。如下圖，把這一工作內容分為三個工作步驟：迎客、手續辦理、送客。

把迎客這一工作步驟又細分為站立、問候、業務諮詢這樣三個更小的步驟，然後對工作步驟作出具體工作標準要求。

客人入住手續辦理工作內容的步驟

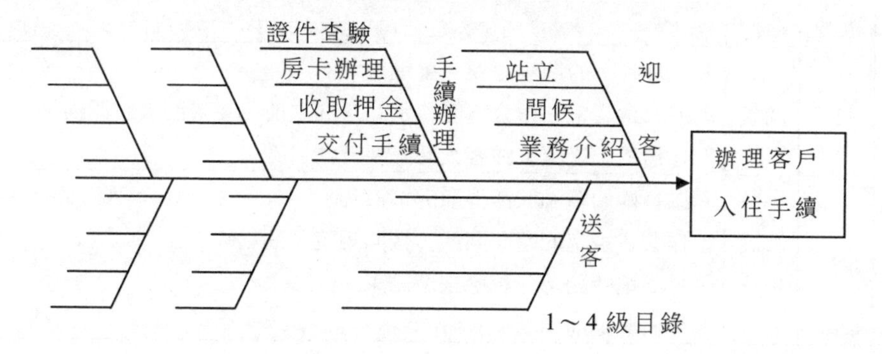

38 如何糾正不守秩序的員工

1. 現場規則的內容

生產現場規則應具備的內容如下表所示

現場規則的內容

序號	項目	內容
1	問候	1. 早晨晚上的問候語要大聲地說 2. 進入會議室和辦公室等特別的房間之前，要敲門大聲問候 3. 在通道上碰上來往客人時，要行注目禮
2	時間規律	1. 以良好的精神狀態提前5分鐘行動 2. 作業在規定的時間開始，按照規定時間結束 3. 會議按時開始，也應按時結束 4. 休假應提前申請
3	服裝	1. 要著與工作場所的作業相符合的服裝 2. 廠牌是服裝的一部份，必須掛在指定的位置 3. 作業服要乾淨
4	外表修養	1. 男性不要蓄鬍子 2. 不要留長指甲、塗指甲油 3. 保持口氣清新 4. 女性應化淡妝

續表

5	吸煙	1. 只在規定時間內吸煙 2. 只在指定場所內吸煙 3. 不亂扔煙頭
6	言行	1. 對上司要正確使用敬語 2. 作業中不要說廢話 3. 不可在工廠中跑動 4. 不做危險的動作
7	遵守約定	1. 對指示的內容，在催促之前報告其結果 2. 借的東西要在約定時間之前返還 3. 如看到了整理、整頓的混亂，不要裝著沒看見，可自己處理，也可告知責任部門
8	認真工作	1. 按作業標準進行正確的作業 2. 確認了指示內容後再採取行動 3. 發生了不良品或機械故障，應立即報告 4. 不在生產現場和通道上來回走動

2. 不遵守現場規則的問題及原因

⑴問題

現場規則是指為完成現場的生產目標，維持生產現場良好秩序必須遵守的約束，如不能遵守，就會發生以下問題：

①員工懶散，工作沒幹勁。

②不按指示去做，且同樣的問題重複發生。

③遲到了，也沒有人去注意，遲到者像沒事一樣。

④沒有生產現場整體的總結，不論做什麼也沒有進行總結。

⑤完不成生產任務，好像與己無關，且在現場也沒有研究以後應該如何去改善的氣氛。

⑵原因

①員工不瞭解現場規則。

②總是把責任推到部屬身上。

③管理人員從來沒有和員工說過話。

④管理人員對作業的失誤也不認真地批評。

⑤作業者對提高自己的能力缺乏自主性。

⑥現場內的告示太少，生產狀況、目標之類的情況沒有傳達給現場，使生產人員不知道應該幹什麼。

3.改正不遵守規則的方法

通過以上分析，對不遵守現場規則的原因有所瞭解後，應採取一些對策，製造有生氣、有效率的生產現場氣氛。

⑴管理者引導

現場管理者首先自己應熟知並嚴格執行這些規則，起示範作用。

⑵對部屬交代工作應清楚明確

向部下交代工作可運用 5W1H 法，即做什麼、為什麼這樣做、在什麼時候之前完成、在什麼地方做、怎樣做。

⑶信息交流

生產現場信息的交流主要包括必要的生產所需情報的交流。

⑷評價工作結果

對指示了要執行的工作，要部下報告結果，看是否符合期待的結果，為提高成果，有必要對成果作公平、積極的評價。

4.維持現場規則的方法

⑴明確管理職能

維持現場規則，首先要明確管理職能，管理職能的內容如下表所示：

管理職能的內容

職能	描述
組織職能	明確組織內的責任和權限，並明確各人擔當的工作
計劃職能	明確各部門的職能，並明確每人應該負責的事
命令職能	使部下明確理解、接受工作的內容，積極地投入工作
調整職能	對於生產狀況異常或變更，從最恰當的要求出發，調整、修正生產計劃
統制職能	調查造成生產目標、計劃和實績不同的因素，明確其原因並採取適當的對策進行處置

⑵導入 5S 並徹底實行 5S

進行 5S 的基本目的是提高員工的素養。在徹底實施 5S 的過程中，自然會產生遵守現場規則的氣氛。同時也確立了維持現場規則的基礎。

⑶強調生產指令的遵守

強調生產指令的遵守，須明確以下事項：

①明確生產的目的。

②告訴員工生產中應採取的必要的手段。

③明確交貨日期。

④具體地說明生產項目。

⑤明確指示「要嚴格遵守」的要點。

⑥對指示、命令的內容一定要求下屬作記錄。

⑦要員工確實地報告工作的內容。

⑧在生產進度減慢或異常發生時，要求員工迅速地報告情況。

39 指導員工的注意事項

生產主管在現場指導過程中應注意以下要點：

1. 指示要明確

在現場作業中，常會看到管理人員給作業人員下這樣的指示：「小心看看來料有沒有不良，要是有，統統挑出來！」「做完以後一定要自檢一下！」「凡是有異常的，一個也不要放過！」當成員收到這樣的指示，他們真的會按照指示去執行嗎？執行真的能達到要求嗎？肯定不會，為什麼呢？因為他(她)沒有「聽懂」指示的真正含義。

要看什麼來料的那種不良？要怎麼做才算是全力以赴？自檢要檢查什麼內容？從指示裏聽不出來，可又不能當面拒絕上司的指示，所以很多班組人員只好按自己的理解去執行了。因此做出來的結果往往不符合要求，或不得要領。所以，班組長的現場指示一定要明確、具體。

2. 由基礎到應用

一種產品，一台設備，甚至是一種現象，表面上看起來挺神奇或很複雜似的，其實將其原理、結構說開來後，也不會複雜到不被班組人員理解的地步。班組長指導他們時，要從基礎原理說起，一直到其應用，以及現狀如何，說得越詳細，就越容易接受。

3. 從簡單到複雜

班組長要指導的東西有很多，誰都想儘快教會，其實下屬人員也想快點學會。如果一下子就讓其接觸高難度的問題，肯定不會有好的結果。應先從解析小的、簡單的問題開始，再到大的、複雜的問題，分階段來，不要操之過急。

4. 讓其自己動手

解說和示範的目的，都是為了讓下屬人員在頭腦裏有一個認識，認識之後班組長就要讓其動手去做。「做」才是培養下屬人員的真實目的所在。不要害怕下屬會失手，會做出一大堆壞產品出來，這是免不了的學費，只要不是太昂貴就可以了。

5. 讓其積極地提問

班組人員在接受新知識、新技能時，有時有自己的看法，出於某種原因，又不敢直接提出來。優秀的班組長就應該看透這一點，多鼓勵下屬提問，並盡一切可能給予回答。如果下屬能提出有水準的問題，至少證明其對新知識、新技能有相當程度的理解了。

6. 不停地關心、鼓勵

被指導的班組人員對一切都十分好奇、敏感、迷惑，此時最需要別人的關心和鼓勵。因此，班組長在上下班時打聲招呼，遇到難題時，多多鼓勵幾句，取得成果時，誇上幾句，這會使他們信心大增。

7. 提高傳授能力

有的管理人員在指導下屬時，缺乏得當的指導方法，只顧自己說自己的，全然不理會下屬是否理解，或是心裏有「料」，但「倒」不出來。同樣道理，班組長要提高下屬的技能，首先要提高自己傳授能力才行。

8. 愛護、體貼下屬

班組長培養下屬，不僅要懂得方法，還要有寬廣的胸懷，傳授技藝不保留，自始至終都要有「笑看青竹勝我高」的心態，不要害怕下屬超過自己，有能力的下屬是壓不住的，遲早都要冒出來。

40 現場生產線的生產準備工作

一、文件的準備

現場人員從事作業的基本依據就是生產資料類文件，在現場生產作業開始前，必須做好以下資料文件的準備：

1. 生產計劃表

計劃表是生產工作的龍頭。生產計劃表包括週生產計劃和月生產計劃等。

2. 品質監控計劃

品質監控計劃是產品製造過程中的管理大綱。

3. 作業指導書

作業指導書是生產部管理作業的根本依據，生產中的所有操作都以作業指導書為準。

4. BOM

BOM 是指生產材料清單，它是生產部管理作業材料的依據，生產中所有使用的物料均以 BOM 為準。

5. 產品規範

產品規範也就是產品的規格書，它是產品的技術性資料，生產部使用的情況不多，只是在生產新產品或有特別需要時向工程技術部申領。

聯絡書範本

發文編號：

Date	××××/××/×
TO	工程技術部
CC	行政部、品質部、製造工廠
From	生產班組
Subject	儀器設置位置更改聯絡事項 1. 事由：A1拉調試位作業員在遙控耳機試生產時感覺操作毫伏表困難，導致作業速度慢 2. 原因分析：A1拉調試位使用的毫伏表放置位置太高，操作員正常坐姿位作業時不便於操作 3. 要求：改變毫伏表的放置位置，向示波器方向靠近並落低12釐米。以確保操作員能在正常坐姿位方便地變換毫伏表擋位 4. 希望完成日期：下個星期二遙控產品耳機開始正式生產前，即2013年12月16日前 5. 如有不明事項，敬請與生產部聯絡

6. 各種空白報表

空白報表是生產部為了完成各種記錄而準備的表單，出於考慮成本的因素，這些表單一般是印刷出來的。它們包括生產日報、修理報表、現品表、申請書、聯絡書、業務通報、生產品質記錄單、培訓日誌、材料核對表、首件確認表及不良分析對策表等。以下是班組現場通常會運用到的報表範本：

申請書範本

發文編號：

Date	××××/××/×
TO	行政部
CC	品質部、製造1、2工廠
From	生產班組
Subject	員工飲水管理工程事項： 　　炎熱的夏季即將來臨，為確保生產班組員工既能夠快捷、方便地飲水，又不會對生產秩序速成影響，故提出如下申請： 1. 在各生產工廠的尾端安裝快速電開水器各一台，共5台，要即用型的，接自來水即可 2. 同時在後牆上安裝不銹鋼做的放水杯架子各一個，共5個，容量需要能寬鬆地放置200只杯子，且高度要適宜 3. 安排專門人員在規定的時間將開水打進各杯子，時間要求是每班開始後每半小時一次 4. 凡7、8、9月的每個豔陽天日(室外氣溫溫度超過29℃時)，要求在開水器內加入涼茶，以確保解暑 5. 要保持飲水區的清潔衛生，地面、架子上不得殘留積水、開水務必要完全燒開 6. 規定的飲水時間為中休時間、非固定值位人員一般不限制，但值位人員在規定時間外飲水時須佩戴離位證 7. 要求完成日期：2013/4/12 　　以上申請請行政部厲行辦妥為盼，因為今年夏季的生產任務繁重，生產班組人員多有辛勞，解決飲水工程實屬必須 　　謝謝！

製作：　　　　　　檢討：　　　　　　批准：

業務通報範本

發文編號：

Date	××××/××/×
TO	品質部、工程技術、物料部
CC	製造1、2工廠、行政部
From	生產班組
Subject	顧客過程審查問題點通報 下列問題點是產品的客戶在生產部進行過程審查中的指出事項，請相關部門在2013/4/16之前做好對策後，交列生產部，以便生產部及時通報QST並最終按要求回覆給顧客 1. 6號印刷車的日常點檢記錄中數據性的記錄內容太少，對瞭解和掌握其運行狀況證據不足。責任：印刷工廠 2. 裁紙皮的啤機其安全防護裝置不理想，有操作員的手伸入其中，但有時機器仍然會動作。責任：工程技術部 3. QC檢查人員沒有限度樣板和不良品樣板，他們不容易識別處於臨界狀態的不良品。責任：品質部 4. 生產中各工序之間轉運產品時需要一個工序流程表，以確保不會遺漏作業內容。責任：禮盒工廠 5. 建議對膠水的黏著力有一個驗證的程序，以確保粘合後產品的品質穩定可靠。責任：品質部 6. 需要加強修理位的控制，對修理後的產品一定要實施原QC再檢驗，OK後方可下拉。責任：品質部 以上事項請關聯部門儘快採取對策措施為盼，因為客戶公司對產品品質要求相當嚴謹，且訂單數量巨大，對公司生產具有舉足輕重的影響。

製作：　　　　檢討：　　　　批准：

二、技術的準備

班組生產前的技術準備主要有以下幾個方面：

1. 準備好圖紙、技術標準等有關技術文件和資料，如機械製造的產品結構設計和技術設計、工作定額與材料消耗定額資料等，要做到齊全、完整、配套。

2. 組織員工結合自己的工作，研究圖紙、熟悉技術，掌握各項技術要領。

3. 落實安全技術操作規程，明確檢驗方法，準備好檢驗工具，並提前做好預檢驗。

三、材料的準備

班組生產前的材料準備工作主要包括以下 4 個方面：

1. 把所需的各種工具、夾具、量具、模具、刀具、輔助工具等工裝和工位器具準備齊全，領送到班組的有關工作地，按規定擺放在指定位置。

2. 檢查調整好生產設備，使其保證達到滿足生產技術所要求的技術狀態，活動設備還要提前在生產施工現場擺放好。

3. 按生產作業計劃要求和使用的先後順序，把所需材料和坯料、油料，如數領送到班組現場的工作地，放在指定位置，並進行抽檢，看是否符合品質要求。

4. 疏通水、電、路、信，保證正常使用。

5. 貼紙及標識用品也是班組生產現場不可缺少的。貼紙是指諸如用於顏色管理的顏色貼紙；用於標識狀態的箭頭貼紙；專用膠貼紙；管理貼紙等等。而標識用品則是指用於安裝標識物的支架、吊繩；用於粘貼的膠紙，各種裝飾標誌用品及各類標語牌、指示牌、白板、黑板等等。

四、人員質量的準備

班組生產前組織準備的主要內容有以下幾個方面：

1. 按作業計劃要求，事先做好人員配備，保證班組之間、工序之間人力匹配，並搞好人員培訓、崗位練兵、人員分工、明確職責等。

2. 確定生產班次，落實崗位責任制，明確班組人員的任務，規定統計報表和原始記錄的傳遞路線和時間，建立各種管理制度等。

五、生產秩序的準備

1. 現場秩序管理

現場秩序包括紀律、工作風氣、人員面貌和素質等內容，管理的目的就是一方面要確保作業人員能夠按企業的規定從事工作；另一方面要促使員工積極、主動地維護這種秩序。具體需要準備的內容包括以下幾個方面：

(1)沒有遲到、曠工等現象，人人都能遵章守紀。

(2)沒有委靡不振的現象，人人都能保持良好的精神狀態。

(3)所有員工都能自覺地參與各種準備活動。

(4)員工確保自己的行為符合規範和要求，不會妨礙他人。

(5)對於新產品、新技術，員工能學習和掌握工作要點，熟知重點作業內容。

2. 宣導自主管理

所謂自主管理就是要求員工以自己管理自己的心態處理工作事項，並及時報告發現的異常，主動采取措施處理而不是等待管理者來催促。班組長從工作一開始就要員工樹立這種態度，以確保形成良好的工作風氣。

3. 現場環境管理

現場環境包括現場的溫度、濕度、污染、雜訊和安全等內容，管理的目的就是一方面要確保員工能夠在現場愉快地工作；另一方面對於產品和設備而言也要符合具體要求。需要準備的內容有以下兩個方面：

⑴點檢各種環境指標檢測器具的有效性，並記錄顯示的數據。

⑵當發現有不符合的情況時，要及時採取措施處理，並確認處理結果。

41 生產線員工動向的看板

透過在作業現場安裝生產線定員看板，可以明確作業現場人員的分工與職責，從而對生產線員工進行統一管理，有效作業。

一、生產線員工的定員看板

生產線定員看板是用看板的形式展示生產線作業員數量和信息的一種視覺化手段。它通過展示生產線定員信息，從而明確作業員的具體分工，使員工職責清晰，便於統一管理。

1. 生產線定員看板的作用

在作業現場安裝生產線定員看板，有以下兩大作用：

⑴便於人員管理，實現有序作業。管理人員可以通過生產線定員看板迅速瞭解該生產線的人員設置情況，以及各作業員的作業分工和主要生產職責，以便隨時查看作業員的工作狀況，督促生產作業順利進行。

⑵方便查找，提高效率。當需要尋找某員工時，只需查看各生產線的定員看板，就可快速瞭解該員工的位置，並通過照片比對，快速找到該員工，從而大大節約尋找時間，提高工作效率。

2. 生產線定員看板的內容

為了達到明確分工、職責清晰的目的，生產線定員看板應當包括以下內容：

⑴生產線名稱。明確作業員所在的生產線名稱。

⑵作業員類型。分清那些人員是主作業員，那些人員是輔助作業員。

⑶作業員照片。使員工與職能一一對應，便於管理。

⑷作業員姓名與職責。明確分工，職責清晰。

表 41-1 生產線定員看板的製作的相關參數

項目	具體參數
材料	採用製作看板常用的PC板，彩色印刷
規格	⑴看板的尺寸依照生產線具體人數而定； ⑵以能夠識別作業員的姓名和職能為基準
顏色方案	⑴底色與文字顏色對比鮮明，整體美觀、大方； ⑵如藍底白字、白底紅字、紅底白字等

二、掌控人員走向的動向看板

人員去向看板是通過看板的手段展示所有員工的流動信息，顯示不在崗員工去向的視覺化管理手段。

作業現場人員眾多，時時瞭解員工的去向是作業現場主管的重要管理內容。要掌握作業現場所有員工的去向並不難，用好人員去向看板，可以達到化被動為主動的目的，輕鬆管理現場人員。

常見的人員去向看板有員工流向看板和外出人員登記看板。

員工流向看板通過讓員工自行移動磁釘，使員工自主地展示個人動向，節省了管理人員掌控員工動向的時間，一方面便於管理人員快速查找人員；另一方面有助於管理人員及時對生產人員進行調整，保證生產作業順利進行。

圖 41-2 員工流向看板

生產 A 班人員去向														
姓名	總經理室	公司辦	財務部	品質部	生產部	行銷部	焊接工廠	注塑工廠	裝配一	裝配二	五金庫	塑件倉庫	成品倉庫	外出
		●												
							●							
														●

三、員工外出登記看板

外出人員登記看板用於登記員工外出的時間、原因、預計返回時間、聯繫方式等信息，一方面有助於管理人員做好生產安排，以便按時完成生產計劃；另一方面當現場發生異常狀況時能夠快速聯繫外出人員，便於及時排除異常，實現有序生產。

外出人員登記看板採用 PC 板製作，並配有黑色或藍色油性筆。當員工較長時間外出時，自行在看板上填寫相關項目，以便管理人員及時掌握其動向。

需要注意的是，員工在填寫看板時，一定要留下聯繫方式，便於發生其責任範圍內的異常情況時，快速聯繫人員進行處理。

無論是員工流向看板還是外出人員登記看板，都是方便管理人員掌控員工動向的有效手段。它改變了管理人員四處尋找員工的被動局面，讓員工主動彙報自己的動向，不僅節約了管理成本和資源，而且為實現有序生產提供了保障。

四、生產線交接班看板

利用交接班看板對交接班工作進行規範和管理，能夠保證生產作業準確、及時對接，實現順利交接班。

交接班看板一般採用白板製作，上面安裝可掛式文件夾，用於交接班記錄等文件的固定。同時，管理者還可在作業現場懸掛交接班宣傳看板。採用可掛式文件夾固定文件，便於看板內容的更換與及時更新。如交接班，填寫新的記錄表，就可以覆蓋在上次交接班的記錄上，從而保證交接班內容的及時更新。為了規範交接班工作，交接班看板一般包括以下內容。

交接班記錄採用表單的形式記錄交接班的相關信息，便於日後查閱。

表 41-3 交接班記錄表

部門：		日期：		
交班方：		接班方：		
交接項目	交接內容	指標	檢查結果	檢查人
工作任務	工廠的工作任務	100%		
	交班方已完成工作任務	___%		
	接班方需完成工作任務	___%		
設備	1號機台	完成日保養		
	2號機台	試運行良好		
	3號機台	工具齊全		
	……			
	輔助工具			
環境	7S推行	環境乾淨		
	清潔工具	物品整齊		
	物品擺放	標識清晰		
物料	剩餘物料數量	數據明確		
	餘料品質	品質良好		
	欠料情況	無欠料		
其他事項				
交班人簽字：		接班人簽字：		

42 現場生產績效看板

在作業現場配備生產計劃看板，能夠提高全員生產意識，督促生產計劃按時、按量完成。

生產計劃看板，顧名思義，就是用看板的形式展示當天、每週、月、季、年度等的生產計劃。

在作業現場配備生產計劃看板，一方面能夠使全體作業員及時瞭解生產計劃與完成情況，培養良好的生產意識；另一方面便於管理人員瞭解生產實際情況與計劃產量之間的差距，為制訂和調整下一週期的生產計劃提供依據。

作業現場常見的生產績效看板有兩種，一種是電子看板，一種是 PC 看板。

一、生產進度看板可掌控生產作業

利用生產進度看板，可以隨時掌握作業現場的生產現況，從而漢時進行生產進度控制，保證生產任務高效高質完成。

生產進度看板是作業現場生產管理的重要手段之一。在作業現場安裝生產進度看板，能夠使作業員和管理人員隨時掌握作業狀況，以便及時調整生產任務，確保生產計劃按時、按量完成。

生產進度看板可以採用 PC 板製作，懸掛在生產線兩端或置於工廠合適的地面，便於管理人員和作業員及時瞭解生產信息。

生產進度看板應當包括以下內容：

⑴生產單位名稱、生產日期、產品名稱及型號等生產基本信息。

⑵生產計劃完成情況。包括計劃產量、實際產量、計劃完成率等內容。

⑶產品品質情況。包括產品合格品數量、不良品數、合格率等內容。

對生產基本信息、計劃完成情況、產品品質情況等信息用生產進度看板進行展示，便於作業員及時瞭解生產現況，以便及時調整生產任務，保證生產作業順利進行、按時交貨。

二、電子看板

生產計劃電子看板包括時間、生產計劃、完成情況等信息，通常採用懸掛方式安裝，安裝在生產線的兩端或通道旁等明顯的位置。電子看板對製作的要求較高，通常交付專門的廠家統一製作，只需將看板需要展示的內容交給製作廠家即可。

電子看板最大的優點在於數據的即時更新，能及時展示生產計劃和完成情況，便於作業員及時瞭解生產實際情況和生產計劃間的差距，從而調整生產作業進度。此外，電子看板還具有醒目、美觀的特點，能有效美化現場環境，有利於打造一流的作業現場。

三、PC 看板

生產計劃 PC 看板通常採用製表的方式，分工廠、生產線展示各時段的生產計劃和實際產量情況，如表所示。

生產計劃 PC 看板通常安裝在作業現場的主通道旁的牆壁上或工廠門口等明顯的位置，便於作業人員和管理人員及時瞭解作業計劃和生產信息，提高全員生產意識。

表 42-1 生產計劃 PC 看板

DIP A 線生產計劃表　　日期:

時間	9點	10點	11點	12點	午休	13點	14點	15點	16點	17點
機種					—					
計劃產量					—					
實際產量					—					
計劃累計					—					
差異累計					—					
不良數					—					
直通率					—					
備註	—									

與生產計劃電子看板不同，生產計劃 PC 看板的內容通常採用分時段更新的方式。因此，應當定期對作業現場的作業計劃和生產情況信息進行統計，及時更新看板內容，為作業現場人員提供準確、翔實的數據。

表 42-2　生產計劃看板內容

日期：　　年　月　日　　　　　　　　　　　　單位：台

生產線	型號	批號	計劃產量	實際產量			
				8：00～10:00	10：00～12:00	13：00～15:00	15：00～17:00
特別事項說明：							

43 如何做好設備保養

一、生產設備的設備保養

生產設備能否在其生命週期內良好地運轉，除了合理地使用外，在很大程度上還取決於對設備的保養維護。設備的保養工作依據其工作量大小、難易程度，可劃分為三級，即日常保養(例行保養)、一級保養(定期保養)、二級保養。

1. 日常保養

日常保養由設備操作人員具體執行。對於普通設備利用每天下班前 15 分鐘(週末可適當多一點時間)進行，對於大型的、精度要求較高的設備，保養時間可以相對延長。

具體的保養內容包括以下幾點。

⑴設備日常點檢的事項。

⑵擦拭設備的各個部位，使得設備內外清潔，無銹蝕、無油污、無灰塵和切屑。

⑶清掃設備週圍的工作區域，做到清潔、整齊，地面無油污、無垃圾等雜物。

⑷設備的各注油孔位，經常保持正常潤滑，做到潤滑裝置齊全、完整、可靠，油路暢通，油標醒目。

⑸設備的零件、附件完整，安全防護裝置齊全，工、量、夾具及

工件存放整齊，不零亂等。

2. 一級保養

一級保養由操作人員進行，維修人員輔助做好相應的工作。具體的保養內容如下。

⑴清掃、檢查電器箱、電動機，做到電器裝置固定整齊，安全防護裝置牢靠。

⑵清洗設備相關附件及冷卻裝置。

⑶按計劃拆卸設備的局部和重點部位，並進行檢查，徹底清除油污，疏通油路。

⑷清洗或更換油氈、油線、濾油器、滑導面等。

⑸檢查磨損情況，調整各部件配合間隙，緊固易鬆動的各部位。

3. 二級保養

二級保養主要由維修人員進行，具體的保養內容如下。

⑴對設備進行部份解體檢查和修理。

⑵對各主軸箱、變速傳動箱、液壓箱、冷卻箱進行清洗並換油。

⑶修復或更換易損件。

⑷檢查、調整、修復精度，提高校正水準。

二、明確點檢責任

設備的點檢是為了維持設備所規定的機能，按標準對規定設備檢查點（部位）進行直觀檢查和工具儀錶檢查的制度。實行設備點檢能使設備的故障和劣化現象早期發覺、早期預防、早期修理，避免因突發故障而影響產量、品質，增加維修費用、運轉費用以及降低設備壽命。

設備點檢可分為日常點檢、定期點檢和專題點檢三種。

⑴日常點檢由操作人員負責，作為日常維護保養中的一個重要內容，結合日常維護保養進行。

⑵定期點檢可以根據不同的設備，確定不同的點檢週期，一般分為一週、半個月或一個月等。

⑶專題點檢主要是做精度檢查。

設備點檢要明確規定職責，凡是設備有異狀，操作人員或維修人員定期點檢、專題點檢沒有檢查出的，由操作人員或維修人員負責。已點檢出的，應由維修人員維修，而沒有及時維修的，該由維修人員負責。

三、生產設備的設備潤滑

設備潤滑是利用摩擦、磨損與潤滑技術，使設備潤滑良好，從而減少設備故障，減少設備磨損，提高設備利用率。

潤滑五定

序號	五定要求	具體說明
1	定點	根據潤滑圖表上指定的部位、潤滑點、檢查點，進行加油、添油、換油，檢查液面高度及供油情況
2	定質	確定潤滑部位所需油料的品種、品牌及要求，保證所加油質必須經化驗合格。採用代用材料或摻配代用材料要有科學根據。潤滑裝置、器具完整清潔，防止污染油料
3	定量	按規定的數量對各潤滑部位進行日常潤滑，要做好添油、加油和油箱的清洗工作
4	定期	按潤滑卡片上規定的間隔時間進行加油、清洗、換油，並按規定的間隔時間進行抽樣檢驗
5	定人	按圖表上的規定分工，安排工作人員分別負責加油、添油、清洗、換油，並規定負責抽樣送檢的人員

設備「六源」的查找與處理

六源類型	說明	處理
污染源	由設備引起的灰塵、油污、廢料、廢氣等	通過清掃工作尋找、搜集這些污染源的信息，採取源頭控制、防護的方法解決
清掃困難源	設備難以清掃的部位，如角落處、高空處	⑴做好防護措施，如加蓋、包紮等，儘量使其不被污染 ⑵設計開發專門的清掃工具
危險源	與設備有關的安全事故發生源	⑴定期進行安全檢查，消除安全隱患 ⑵定期檢修設備，尤其對於特種設備如鍋爐、壓力容器等要定期檢查維修
浪費源	各種能源浪費，如漏水、漏油、漏電等	⑴採取技術手段做好防漏、堵漏工作 ⑵通過開關提示，減少如機器空運轉造成的浪費
故障源	設備固有的各種故障	通過日常的統計分析，逐步瞭解掌握設備故障發生的原因和規律，制定相應的措施以延長設備運轉時間
缺陷源	設備不能滿足產品品質的要求	以產品的品質為基礎，尋找影響產品品質的生產或加工環節，並通過對現有的設備進行技術改造和更新來實現

44 防止設備故障為主

設備何時發生故障，無法可以精確地計算出來，但是通過健全的日常維護，卻能大大地降低其故障率。

一、設備故障的原因

造成設備故障的主要原因通常有以下幾點：

1. 自然磨損所致

設備也有「生命現象」，累計達到某一使用程度之後，就壽終正寢，想修都沒得修，只有更新換代。這一點在高精密的設備上表現得最明顯。

2. 異常操作所致

幾乎所有的設備的動作順序都有嚴格的要求，由不得你隨意操作，不遵守操作規程，只會直接導致或加速其產生故障。

3. 非法改變其用途所致

如果設備在設計上就具有該種功能，改變用途並無大礙，就怕原本就沒有該功能，卻硬要使其擁有該功能，這對設備的危害最大。

4. 超負荷使用

雖然有的設備在超負荷狀態下運轉，暫時看不出有什麼故障發生，然而超負荷運轉，卻使設備疲勞、老化進程大大加快，為壽命縮短埋下了禍根。

5.設計上潛在

由於設計時未能充分研討清楚相應事項，以致在實用階段才發現故障多多。

6.缺乏必要的維護活動

不把設備當「人」看，連最基本的清潔都不做，以致小故障不斷演變成大故障。

設備故障與「人為」密切相關，設備一旦發生故障，給企業帶來的損失是巨大的，在此無需贅言。假如我們採取相應的對策，從設備的「生」到「死」的每一個階段，都採取以預防為主的管理措施，那麼設備產生故障的機率就會大大降低，才有可能做到全效益產出。

飛輪自動壓入開機點檢一覽表

飛輪自動壓入開機點檢一覽表		股長	記入
No	檢查項目		
1	目視確認電線、光纖線、氣管是否完好？		
2	一次側氣壓是否在5～6KG之間？		
3	空氣篩檢程式是否良好，有無堵塞？		
4	機器週圍有無其他雜物？		
5	送料器內有無異物？		
6	各部份電源、信號燈是否正常點亮？		
7	開機後X、Y軸動作是否正常？		
8	飛輪試壓入竄動量是否滿足要求？		
*以上各項目，正常打○字，異常時打×，並立即通知相關人員處理。			

二、如何預防設備故障

設備中某一結構、機械或零件的尺寸、形狀或材料發生改變而不能很好地執行預訂的功能，稱為設備故障(失效)。設備產生故障後，輕則影響到產品的品質、效率、操作等，重則可能造成停產、環境污染、安全事故及人身傷害等大事故，還有可能降低設備的使用精度和壽命，因此，現場管理者應重視設備故障的預防。

1. 故障種類

設備故障是指喪失了製造機械、部品等規定的機能，製造故障有製造停止型故障(突發故障)、機能低下型故障(漸漸變壞)等。一般來說，設備經常發生的故障如下。

⑴初期故障，即在使用開始後的比較早期發生的故障，屬設計、製作上的缺陷。

⑵偶發故障，即在初期和末期因磨損、變形、裂紋、漏洩等原因而偶發的故障。

⑶磨損故障，即因長時間地使用，產生疲勞、磨損、老化現象等，隨著時間的推移故障率也變大的故障。

2. 設備故障產生的原因

預防就是要從源頭上解決，因此首先應瞭解設備故障產生的原因。通常而言，設備故障主要是因各種缺陷而導致的，具體類型及說明如所示。

設備缺陷

序號	缺陷類型	具體說明
1	設計缺陷	包括結構上的缺陷，材料選用不當，強度不夠，沒有安全裝置，零件選用不當等
2	製造加工缺陷	包括尺寸不準，加工精度不夠，零件運動不平衡，多個功能降低的零件組合在一起等
3	安裝缺陷	包括零件配置錯誤，混入異物，機械、電氣部份調整不良，漏裝零件，液壓系統漏油，機座固定不穩，機械安裝不平穩，調整錯誤等
4	使用缺陷	包括環境負荷超過規定值，工作條件超過規定值，誤操作，違章操作，零件、元件使用時間超過設計壽命，缺乏潤滑，零件磨損，設備腐蝕，運行中零件鬆脫等
5	維修缺陷	包括未按規定維修，維修品質差，未更換已磨損零件，查不出故障部位，使設備帶「病」運轉等

3.故障的預防

設備故障的預防主要從以下幾方面著手。

(1)正確認識

在預防時要正確理解設備的使用壽命，要儘量維持設備的正常運行。要在設備的日常保養、點檢、潤滑等方面做好預防工作。

(2)現場設備的預防

對設備故障進行預防，在生產現場應注意遵照以下要領。

①使用前的預防

· 詢問製造廠商的設備使用說明，掌握一般的使用方法

· 從製造廠商瞭解關於保養、點檢的要領以及發生故障時的處理說明

· 詢問設備不良時通知製造廠商的方法

· 準備保養所需的材料、物品

②運轉時的預防

· 遵守操作規程，通過清掃來發現缺陷

· 做好點檢，發現異常後根據操作手冊來處理

· 做好日常的維護、保養、潤滑

· 無法解決的故障，立即通知製造廠商

⑶禁止設備異常操作

幾乎所有設備的操作順序都有嚴格的要求，製造廠商的操作說明也有規定，不遵守操作規程會直接導致或加速機器產生故障。然而，生產現場還是有許多作業者，尤其是新人，不按操作規程，進行錯誤的操作設定。因而應制定各種解決對策，禁止異常操作。

4.設備故障管理

設備故障管理是針對突發故障，採用標準程序的方法加以處理。具體可採取表中的方法。

故障管理方法

序號	管理方法	具體說明
1	就近維修	可以就各班組配備一名維修人員，並就近在設備所在的班組進行即時監控，一旦發現設備的異常狀況，可以及時進行維修
2	使用看板	設置故障掛牌看板，一旦某設備發生故障，就立即掛上看板，既方便檢修，又避免設備被錯誤使用
3	錯開時間	對於各種生產設備進行檢修時，儘量在設備的停工期間(非正常工作時間)進行，以減少設備維修對制度工作時間的佔用

5. 故障修理

設備使用部門遇有下列情況，須填寫修理委託書或維修報告書，向設備維修部門提出修理要求。

三、針對異常操作採取的措施

⑴制定《操作標準書》，並以此為依據來培訓相應的操作人員，操作人員亦要經過考試合格後，才能操作設備。

⑵設置鎖定裝置。

A. 在電腦控制的程序上，或者機械上設定異常操作鎖定程序，使設備只能按正常步驟往下操作。

B. 操作鍵盤上設有透明保護蓋（罩、護板），即使不小心碰到按鍵，也不會誤動作。

⑶向所有員工講明：「非操作人員，嚴禁擅動設備，違者重懲。」設備旁邊也立一明顯標記，以作提醒。

⑷預先制定異常操作後的各種補救措施，並在操作人員培訓時就加以訓練，萬一出現異常操作，也能使損失降到最低。

45 工作臺面擺放有一套

合理的擺放不僅能夠節約空間，提高取拿準確度，降低作業工時，並能使臺面 5S 活動得以維持。

在現場裏常常可以看到這樣的現象：

①大多數工序的作業臺只利用了平面空間，未利用立體空間。

②材料在線庫存過多，幾乎堆滿了整個作業臺。

③裝載托盒不合理，要麼「大材小用」，要麼「小材大用」。

④對私人用品未加限制，任由擺放在臺面上。

⑤作業人員利用身前身後的空間，到處存放材料，看上去就像擺地攤一樣。

⑥作業人員自己創作的各種裝載托盒，五花八門，影響視覺效果。

以上這些現象，作業臺如果不是用來放東西的，還能做什麼呢？但是作業臺遠不止是放東西那麼簡單！作業臺可以說是製造產品的主戰場，是現場中的現場！真正意義上的生產活動都是在這裏進行的，產品的品質、成本、交貨期都要在這裏一步步變為現實。

各種物料在搬運到現場後，就要投入生產使用中，所以必須對物料的使用進行監督控制，以保證物料被正確、有效地用於生產。

物料投入使用，但究竟用在何處、用了多少這些都必須要弄清楚。

作業台是實施生產作業的直接現場，其台面的擺放必須科學、合理，所以要對台面擺放做好整理。

表 45-1 物料台面整理

序號	整理事項	具體說明
1	清除外包裝物品	作業台本身就不大，只適合放上一些物料、夾具，所以在作業台面上要清除各種外包裝物品，如紙箱、發泡盒等
2	使用穩定的託盤、支架	⑴選定合適的托盒、支架，將物料擺放在托盒或支架上，大件物料用大的，小件物料用小的。體積大的物料可以放在台側或便於取拿的空位上；體積細小的物料，可以放在台面的托盒上 ⑵托盒、托台力求穩定化 ⑶托盒、托台目視化。可在標貼紙上寫清物料的品名、編號，然後貼在托盒、托台上，便於其他人確認 ⑷充分利用斜托板擺放物料托盒。斜托板的使用是梯形擺放的進一步延伸，尤其是細小的又要單個擺放的零件，使用斜托板擺放後，可大大提高取拿效率
3	物料擺好	⑴兩種大小不同的物料一起擺放時，小件的物料在離手近的區域擺放，大件的放在外側；取拿次數多的在離手近的區域擺放，取拿次數少的放在外側 ⑵相似的物料不要擺放在一起 ⑶物料呈扇形擺放，可營造階梯空間
4	控制好物料投放	分時段等量投入物料，不要一次全部投入當日所需全部物料，使得台面物料過多，無處擺放
5	台面及時清理	⑴及時清理暫時擺放在台面上的不良物料 ⑵及時清理台面上堆積的各種物料

如果臺面雜亂無章，或者影響作業，你能指望高品質的產品從這裏製造出來嗎？肯定不行。另外作業臺還是現場推行 3S 活動的第一個入手點，如果作業臺面都無法開展 3S 活動，那麼整個現場更無從談起。在生產線的管理上，具體要做到下列重點：

1. 避免外包裝物品直接上作業台。

作業台本身就不大，放上一些材料、夾具、小型設備就差不多了。如果把材料連同外包裝物品，如紙箱、木箱、發泡盒等，一起放上臺面的話，不僅佔地大，而且極容易產生各種粉塵。可能的話，這些外包裝材料要避免進入現場。

2. 選定合適的托盒、支架，將材料擺放在托盒或支架上，大件材料用大的，小件材料用小的。

3. 兩種大小不同的材料一起擺放時，小件的材料靠手跟前擺放，大件的放在外側。

4. 相似的材料不要擺放在一起。尤其是外觀上較難區分的材料一起擺放的話，極易用錯，盡可能在工序編成時就給予錯開。

5. 托盒、托臺視覺化。在標貼紙上寫清材料的品名、編號，然後貼在托盒、載盒上，便於其他人確認。

6. 與作業不相干的物品，不得在臺面擺放，尤其是私人物品。

7. 托盒、托臺謀求穩定化。托盒彼此之間相互串連，可有效增加取拿時的穩定性，也能節省臺面空間。

8. 材料呈扇形擺放，並營造階梯空間。扇形擺放，符合人體手臂最佳移動的範圍，來回取拿時，不易產生疲勞。

9. 及時清理暫時擺放在臺面上的不良材料，不讓不良在作業臺面上過夜。

10. 分時段等量投入材料。不要一次過全部投入當日所需全部材料，使得臺面材料過多，無處擺放。

11.充分利用斜托板擺放材料。

表 45-2 物料台面整理

序號	整理事項	具體說明
1	清除外包裝物品	作業台本身就不大，只適合放上一些物料、夾具，所以在作業台面上要清除各種外包裝物品，如紙箱、發泡盒等
2	使用穩定的託盤、支架	(1)選定合適的托盒、支架，將物料擺放在托盒或支架上，大件物料用大的，小件物料用小的。體積大的物料可以放在台側或便於取拿的空位上；體積細小的物料，可以放在台面的托盒上 (2)托盒、托台力求穩定化 (3)托盒、托台目視化。可在標貼紙上寫清物料的品名、編號，然後貼在托盒、托台上，便於其他人確認 (4)充分利用斜托板擺放物料托盒。斜托板的使用是梯形擺放的進一步延伸，尤其是細小的又要單個擺放的零件，使用斜托板擺放後，可大大提高取拿效率
3	物料擺好	(1)兩種大小不同的物料一起擺放時，小件的物料在離手近的區域擺放，大件的放在外側；取拿次數多的在離手近的區域擺放，取拿次數少的放在外側 (2)相似的物料不要擺放在一起 (3)物料呈扇形擺放，可營造階梯空間
4	控制好物料投放	分時段等量投入物料，不要一次全部投入當日所需全部物料，使得台面物料過多，無處擺放
5	台面及時清理	(1)及時清理暫時擺放在台面上的不良物料 (2)及時清理台面上堆積的各種物料

46 生產現場的定置管理

定置管理是分析生產現場中人、物、場所的結合狀態和關係，做到「人定崗、物定位及危險工序定等級，危險品定存量，成品、半成品及材料定區域」，尋找改善和加強現場管理的對策和措施，最大限度地消除影響產品品質、安全和生產效率的不良因素。

定置管理是以生產現場為主要對象，研究分析人、物及場所的狀況及其之間的關係，並通過整理、整頓及改善生產現場條件，促進人、機器、原材料、制度及環境有機結合的一種方法。它使人、物及場所三者之間的關係趨於科學化。

定置實施是將理論付諸實踐的階段，也是定置管理工作的重點，其包括以下三個步驟：

①清除與生產無關之物

生產現場中凡與生產無關的物品，都要清除乾淨。清除與生產無關的物品應本著「雙增雙節」精神，能轉變利用便轉變利用，不能轉變利用時，可以變賣，轉化為資金。

②按定置圖實施定置

各工廠、部門都應按照定置圖的要求，將生產現場、器具等物品進行分類、搬、轉、調整並定位。定置的物品要與圖相符，位置要正確，擺放要整齊，儲存要有器具。可移動物，如推車、電動車等也要定置到適當位置。

③放置標準信息名稱牌

放置標準信息名稱牌要做到牌、物及圖相符，設專人管理，不得隨意挪動。要以醒目和不妨礙生產操作為原則。

定置管理的對象是確定定置物的位置，劃分定置區域，並做出明顯的標誌。定置管理的範圍包括生產現場、庫房、辦公室、工具櫃(箱)、資料櫃及文件櫃等。定置管理是「5S」活動的一項基本內容，是「5S」活動的深入和發展。

1. 定置管理的類型

根據定置管理的不同範圍，可把定置管理分為五種類型。

(1)全系統定置管理

全系統定置管理即在整個企業各系統各部門實行定置管理。

(2)區域定置管理

區域定置管理即按技術流程把生產現場分為若干定置區域，對每個區域實行定置管理。

(3)職能部門定置管理

職能部門定置管理即企業的各職能部門對各種物品和文件資料實行定置管理。

(4)倉庫定置管理

倉庫定置管理即對倉庫內存放物實行定置管理。

(5)特別定置管理

特別定置管理即對影響品質和安全的薄弱環節包括易燃易爆、有毒物品等的定置管理。

2. 定置管理的內容

定置管理的內容包括以下三個方面。

⑴工廠區域定置

工廠區域定置包括生產區定置和生活區定置。

①生產區定置

生產區包括總廠、分廠(工廠)及庫房定置。比如，總廠定置包括分廠、工廠界線劃分，大件報廢物擺放，改造廠房拆除物臨時存放，垃圾區、車輛存停等。分廠(工廠)定置包括工段、工位、機器設備、工作臺、工具箱及更衣箱等。庫房定置包括貨架、箱櫃及儲存容器等。

②生活區定置

生活區定置包括道路建設、福利設施、園林修造及環境美化等。

⑵現場區域定置

現場區域定置包括毛坯區、半成品區、成品區、返修區、廢品區及易燃易爆污染物停放區等。

⑶現場中可移動物定置

現場中可移動物定置包括對象物定置(如原材料、半成品及在製品等)，工卡、量具的定置(如工具、量具、容器、技術文件及圖紙等)，廢棄物的定置(如廢品、雜物等)。

3. 按內容劃分的定置物類型

根據定置物的內容可分為以下三個方面。

⑴生產現場定置物

生產現場定置物包括在製品、半成品、成品、可修品、廢品、工具櫃、材料架、設備(機、電)、儀表、刀量具、模具、容器、運輸工具(車)、原材料、元器件、廢料箱、工作臺及更衣櫃等。

⑵庫房定置物

庫房定置物包括材料架、材料櫃、運輸車、辦公用具及消防設施等。

⑶辦公室定置物

辦公室定置物包括辦公桌、工作椅(凳)、文件櫃、資料櫃、電話、生活用品、茶几及會議桌等。

4.按重要性劃分的定置物類型

根據定置物在生產過程中與人的結合程度分為A、B、C、D四類。

⑴ A類:A類指人與物外部緊密結合狀態。比如,正在生產加工、裝置、調試、交驗的產品,以及在用的工量具、模具、設備、儀表等。

⑵ B類:B類指待用或待加工類。比如,原材料,元器件,待裝配的零、部、整件,模具等。此類物品可隨時轉化為A類。

⑶ C類:C類指人與物處於待聯繫的狀態。比如,交驗完待轉運入庫的產品,暫時不用的模具、材料等。

⑷ D類:D類指人與物已失去聯繫的物品。比如,報廢的產品、廢料、垃圾等,都處於待清理的狀態。

分類擺放,常整理A類,及時轉運B類,清除C類和D類。

5.定置管理的流程

定置管理的流程可分為以下五個步驟:

①對生產現場和生產任務進行分析、平衡。

②根據定置管理的原則進行定置設計,確定定置物的擺放位置,各類區域的劃分要因地制宜。

③繪製定置管理平面圖。

④對生產現場進行清理、整頓、清洗、定置及驗收工作。

⑤驗收分為自驗、廠驗、上級機關驗共三個級別。

6. 定置管理圖的懸掛

定置管理圖就是在對現場進行診斷、分析、研究後，繪製新的人與物、人與場所、物與場所的相互關係定置管理平面圖。

⑴工廠定置圖：工廠定置圖要求圖形醒目、清晰，且易於修改、便於管理，應將圖放大，做成彩色圖板，懸掛在工廠的醒目處。

⑵區域定置圖：區域定置圖是工廠的某一工段、班組或工序的定置圖，定置藍圖可張貼在班組園地中。

⑶辦公室定置圖：辦公室定置圖要做定置圖示板，懸掛在辦公室的醒目處。

⑷庫房定置圖：庫房定置圖應做成定置圖示板，懸掛在庫房醒目處。

⑸工具箱定置圖：將工具箱定置圖繪成定置藍圖，貼在工具箱門內。

⑹辦公桌定置圖：將辦公桌定置圖統一繪製藍圖，貼於辦公桌上。

⑺文件資料櫃定置圖：將文件資料櫃定置圖統一繪製藍圖，貼於資料櫃內。

定置管理操作項目內容

項目	操作內容
1	區分要用和不用的東西
2	將要用的東西定出位置擺放，用完後放回原位
3	將不用的東西徹底去掉，打掃乾淨
4	每時每刻都要保持美觀、乾淨
5	使員工養成良好習慣，遵守各種規章制度

47 生產線的盤點有技巧

盤點是一段暫時中止生產的非常時期，所以務必在短時間內、高精度地加以完成。

盤點是指清點某一事物。按盤點對象種類的多少可分為單項盤點和綜合盤點，隨機盤點的通常是單項盤點，如材料盤點、設備盤點、現金盤點……而期末(經營期)、年底的大盤點通常是綜合盤點。按盤點方法的不同可分為：自盤與外盤，抽盤與全盤，集中盤與分散盤，定期盤與隨機盤等 4 種。按盤點的規模可分為小盤(月盤)，中盤(期末盤或半年盤)，大盤(年盤)等三種。

為什麼要盤點呢？對製造現場來說，就是為了精確把握生產運行的結果如何。對公司來說，則是把握經營管理結果如何。沒有盤點，就不知道現時的準確數據；就不知道是虧還是賺；就不能正確決策事物。

現場中，材料的盤點次數，遠遠多於對其他生產要素的盤點。這主要是因為材料變化最快、最大、最不容易精確掌握，甚至每時每刻都在變。

如果管理人員不清楚手中材料的數量，就像戰場上的指揮員，不知道自己還有多少彈藥一樣，那麼拿什麼跟人家打？能打多久？等問題就無從談起，這樣的仗能不敗嗎？

生產線的盤點，要注意下列工作重點：

1. 設定「三同」條件，即同一時間、同一對象、同一範圍的材料進行盤點。

如果生產仍處於運作之中，就很難對材料進行準確的盤點，首先要使生產暫停才行(設備、人員無此限)。盤點前，召集相關人員進行注意事項的說明，無關人員撤離現場(不得接觸盤點對象)，派發《現品盤點票》，其記入方法如下：

①每一種材料只設置一個盤點票號碼。

②該票格式為一式二聯，盤點結束後實物上留副聯，正聯可取走進行統計。統計未完成前，副聯不得撕下。

③填寫錯誤時，該票作廢，重新寫過。

④盤點票 NO 為連號，便於統計。

⑤有條件的現場，可以用電腦預先列印出來，並預留一些空白票，以防書寫錯誤時使用。

<table>
<tr><th colspan="2">現品盤點票</th><th>確認</th><th>擔當</th></tr>
<tr><td colspan="2">盤點票NO：PY0256</td><td></td><td></td></tr>
<tr><td colspan="4">存在位置：製造二科　　2013/4/21/18</td></tr>
<tr><td>部品編號</td><td>部品名稱</td><td colspan="2">數量</td></tr>
<tr><td>BK6006</td><td>A齒輪</td><td colspan="2">1872PCS</td></tr>
</table>

2. 設置盤點場地。

一般來說，在那個工序的材料，就在該工序上進行盤點。有時同一材料在幾個不同工序上同時存在，也可以考慮，將它們集中在同一處進行盤點。非盤點對象的，則用顯眼標識區分開來。

3.清點、核對材料數目。

①如未拆包裝的材料，按《現品票》上記錄的數目為準。已拆包裝的，按實點為準。實點時，分開整數和尾數兩堆，便於覆核。

100(整數)＋12(尾數)＝112

②第一次實際清點完畢後，再由另一個人進行確認，兩人均需在《現品盤點票》上簽名。

③可以人工實際點數，也可以用精密稱量器具，稱量出來。

4.收尾工作。

盤點全部結束後，回收正聯、副票留底，在下一次盤點前，該盤點數據為基準數據。

將材料立即歸放原位，原狀擺好，準備開始生產。

以實際數目為基準，修正帳本記錄數目。如果差異過大，則要查明原因，進行對策，防止再發。

平衡各種相關數據，重設基準數。

平時看起來再簡單不過的點數工作，若不細心，大學生照樣會數錯！這從另一個側面說明了盤點的關鍵在於心細。盤點的次數越多，證明盤點的細膩度越差，管理水準越低！

48 生產現場要防止不良品

不良品是指一個產品單位上含有一個或一個以上的缺點。進行不良品控制，首先要明確相關責任人的職責；其次，要分析不良品產生的原因；再次，要明確上下工序在退回不合格品上的責任，及不良品產生後的標誌與處理。

1. 不良品產生原因

不良品產生的原因，並不都是現場產生的，所以應進行源頭管理，積極地尋找不良品產生的根源，以便採取正確的根除措施。關於不良品產生的原因，以下所列表中的原因都有可能，具體在實際中可從這些方面去探詢。

2. 制程品質不良的原因分析與對策

僅從制程品質不良的角度分析品質不良的原因，可以從下列四個方面來著手：

⑴員工不能正確理解和執行作業標準——不會。

⑵管理人員對制程的管制能力不足——不能。

⑶制程品質稽核、檢驗不當——不當。

⑷缺乏品質意識與品質責任——不願。

不良品產生原因

序號	考慮方面	具體原因
1	設計和規範方面	(1)含糊或不充分 (2)不符合實際的設計或零件裝配、公差設計不合理 (3)圖紙或資料已經失效
2	機器和設備方面	(1)加工能力不足 (2)使用了已損壞的工具、工夾具或模具 (3)缺乏測量設備/測量器具(量具) (4)機器保養不當 (5)環境條件(如溫度和濕度)不符合要求
3	材料方面	(1)使用了未經試驗的材料 (2)用錯了材料 (3)讓步接收了低於標準要求的材料
4	操作和監督方面	(1)操作者不具備足夠的技能 (2)對製造圖紙或指導書不理解或誤解 (3)機器調整不當 (4)監督不充分
5	制程控制和檢驗方面	(1)制程控制不充分 (2)缺乏適當的檢驗或試驗設備 (3)檢驗或試驗設備未處於校準狀態 (4)核對總和試驗指導不當 (5)檢驗人員技能不足或責任心不強

制程品質不良分析與對策

序號	問題點	原因分析	對策建議
1	不會	(1)新進員工 (2)能力不足，不適任 (3)教導不良	(1)制定明確的作業標準 (2)派工適任 (3)做好員工工作教導
2	不能	(1)缺乏必要的工具 (2)用錯工具 (3)誤解標準 (4)缺乏防呆設計 (5)純粹疏忽	(1)流程制度化 (2)工作標準化 (3)作業簡單化 (4)工作防呆化
3	不當	(1)進料不良 (2)前制程問題 (3)設備精度問題 (4)錯誤指令 (5)標準有誤 (6)方法不恰當	(1)防止不良進入 (2)進行設備保養與預警 (3)實施「三不」原則(不接受不良品，不製造不良品，不傳遞不良品) (4)掌握現場問題的正確立場與原則
4	不願	(1)管理問題 (2)組織問題 (3)缺乏壓力 (4)缺乏激勵	(1)開展品質評比活動 (2)推行QCC活動 (3)推行5S活動 (4)強化基層幹部訓練 (5)公司制度定期檢討修訂，具激勵性 (6)強調「對事不對人」的原則 (7)建立適當的責任歸屬

3.強化人員管理以提升品質

⑴強化人員的品質觀念

灌輸現場管理人員良好的品質觀念：品質是製造出來的，而不是檢驗出來的；第一次就把事情做對；品質是最好的推銷員；沒有品質就沒有明天；下一流程就是客戶；客戶就是上帝，而且是不懂得寬恕的上帝。

⑵進行員工技能培訓

員工技能培訓包括兩方面：一方面是崗前培訓，具體內容包括產品特點與基礎知識、品質標準與不良辨識、作業流程與品質要求；一方面是崗位訓練，訓練內容包括如何正確操作設備、工具，如何自檢、互檢，品質不良種類與限度，基本的不良修復技巧，如何求救。

⑶操作者自主管理

操作者自主管理包括三方面，如下表。

⑷改善人為操作不良的措施

對人為操作不良也應采取積極的措施，如：

①利用早會，將實際不良品拿出來示範，向員工說明不良原因與對策。

②將不良品的損失金額化，並公佈於現場，向員工說明。

③按照個別操作不良狀況，分別教育。

④加強作業員工責任心的教育。

⑤將良品、不良品分開用實物或照片列出，教育相關人員。

⑥將正確與錯誤的動作用照片列出，教育員工。

⑦對標準操作規範的要求進行查核。

⑧確實傳達各工序品質需要的目標。

⑨加強各工序間的自檢、互檢，互相糾正、提醒。

⑽對新進員工或工作輪換時特別要加強巡視。

⑾將個別不良數予以公佈，利用看板，達到警示效果。

操作者自主管理表

序號	管理方面	要求
1	「三按」 「三自」 「一控」 要求	三按：按圖紙、按技術、按標準 三自：對自己的產品進行檢查，自己區分合格與不合格的產品。自己做好加工者、日期、數量、品質狀況等標記 一控：控制自檢合格率
2	做好 「三控制」 「三現主義」	三檢制：以操作者的自檢、操作者之間的互檢和專職檢驗員的專檢相結合的檢驗制度 三現主義：現場、現物、現處理。樹立以「現場為中心」的現場管理觀念。當問題發生時，要先去現場檢查現物(有關的物料、機器設備、人員等)，當場採取處置措施
3	開展 「三不」 「三分析」 活動	三不：不接受不良品，不製造不良品，不傳遞不良品 三分析：當出了品質問題，應及時組織相關人員召開品質分析會，分析品質問題的危害性，分析產生品質問題的原因，及分析應採取的措施

4.明確相關責任人的職責

對於生產線上的不良品，首先應明確相關責任人的職責，主要涉及作業人員和現場主管。

①作業人員：對作業中出現的不良品，按照相應的標準判明後，將其按不良內容區分放入紅色不良品盒中。

②現場主管：定時對現場巡查，將不良品按不良內容區分收回進行確認；對每個工位作業人員的不良品判定的準確性進行確認，如果發現有問題，要及時與該員工確認，並再次講解該項目的判定基準。

5.進行制度化、工作標準化、作業簡單化、工具防呆化

⑴流程制度化

任何作業流程都應該予以規範化、制度化，使員工有據可循，使每次作業都可以事前得以教導、安排，事中得到控制，事後便於追查。

⑵工作標準化

將工作方法、步驟、注意事項予以標準化，易於操作，便於查核，不易出錯，對品質穩定有關鍵作用。

⑶作業簡單化

基層員工的素質、能力、意識在企業中處於較低水準，儘量讓其工作內容簡單化，方便其作業，出錯的概率自然會降低。

⑷工具防呆化

Fool Proof 俗稱防呆，其目的是防止作業人員因不熟練或不會做，以及疏忽或不小心而造成制程不良，必要時也可防止過剩生產或產量不足。如電器的電源線插頭依 CCEE 規定應為三扁插，且僅能從一個方向插入插座，此即防呆功能。

流程制度化、工作標準化、作業簡單化、工具防呆化，既可以提升品質，也可以提升效率，是現場管理人員工作的法寶之一。

6.不良品標示

⑴進料不良品標示

品質部 IQC 檢驗時，若發現來貨中存在不良品，且數量已達到或超過工廠來料品質允收標準時，IQC 驗貨人員應即時在該批(箱或件)貨物的外包裝上掛「待處理」標牌，報請部門主管或經理裁定處理，並按最終審批意見改掛相應的標誌牌，如暫收牌、挑選牌、退貨牌等。

⑵制程中不良品標示

在生產現場的每台機器旁，每條裝配拉台、包裝線或每個工位旁邊一般應設置專門的「不良品箱」。

①對員工自檢出的或 PQC 在巡檢中判定的不良品，員工應主動地將其放入「不良品箱」中，待該箱裝滿時或該工單產品生產完成時，由專門員工清點數量。

②在容器的外包裝表面指定的位置貼上箱頭紙或標籤，經所在部門的 QC 員蓋「不合格」字樣或「REJECT」印章後搬運到現場劃定的「不合格」區域整齊擺放。

⑶庫存不良品標示

標籤示例

生產部門：	員工：
品名規格：	顏色：
產品編號：	客戶：
工單編號：	數量/單位：
QC員：	日期：

QC 定期對庫存物品的品質進行評定，對於其中的不良品由倉庫集中裝箱或打包。QC 員在貨品的外包裝上掛「不合格」標誌牌或在箱頭紙上逐一蓋「REJECT」印章。對暫時無法確定是否不合格的物品，可在其外包裝上掛「待處理」標牌，等待處理結果。

7.不良品應妥善隔離

⑴不良品隔離的目的

· 確保不良品不被誤用。

· 最大限度地利用物料。

· 明確品質責任。

· 便於品質事項原因的分析。

⑵不良品的隔離工作要點

經初審鑑定為不良品的貨品，須及時隔離，以免好壞貨品混裝。對產生的不良品，須當時記錄並標示。

加強對現場留存的不良品的控制。保證不良品在搬運過程中標誌物的維護。明確不良品的處置部門和權限。

⑶不良品區域規劃

在各生產現場(製造、裝配或包裝)的每台機器或拉台的每個工位旁邊，均應配有專用的不良品箱或袋，以便用來收集生產中產生的不良品。

在各生產現場(製造、裝配或包裝)的每台機器或拉台的每個工位旁邊，要專門劃出一個專用區域用來擺放不良品箱或袋，該區域即為「不良品暫放區」。

各生產現場和樓層要規劃出一定面積的「不良品擺放區」用來擺放從生產線上收集來的不良品。

所有的「不良品擺放區」均要用有色油漆進行畫線和文字註明，區域面積的大小視該單位產生不良品的數量而定。

⑷標誌放置

對 QC 判定的不良品，所在部門無異議時，由貨品部門安排人員將不良品集中打包或裝箱。QC 在每個包裝物的表面蓋「REJECT」印章後，由現場雜工送到「不良品擺放區」，按類型堆疊、疊碼。

對 QC 判定的不良品，所在部門有異議時，由部門管理人員向所在部門的 QC 組長以上級別的品質管理人員進行交涉，直至品質部經理。

⑸不良品區貨品管制

不良品區內的貨物，在沒有品質部的書面處理通知時，任何部門或個人不得擅自處理或運用不良品。

不良品的處理必須要由品質部監督進行。報廢時，QC 在外箱上逐一蓋「報廢」字樣後，由雜工送到工廠劃定的「廢品區」進行處理。

返工時，QC 在外箱上逐一蓋「返工」字樣或掛「返工」標誌牌，責成有關部門進行返工，具體包括返工、返修、挑選及選擇性做貨。

條件收貨時，QC 接到收貨通知後，取消所有不合格標誌，外箱若有「不合格」字樣則用綠色色帶進行覆蓋。

⑹不良品記錄

現場質檢員應將當天產生的不良品數是如實地記錄在當天的巡檢報表上，同時對當天送往「不合格區」的不良品進行分類，詳細地填寫在「不良品隔離控制統計表」(該表應註明負責班組、工位、不良品變動情況、生產區編號等)上，並經生產部門簽認後交品質部存查。

49 不要輕易報廢

報廢就是扔錢！報廢意味著血本無歸、可能破產倒閉，同行競爭者巴不得你天天都在報廢，絕對不會同情你！

報廢是指將某種事物丟棄不用。現場中通常指材料、成品、設備等生產要素的報廢。

在製造過程中，有許多因素會造成不良，這些無法使用的材料（自責）只能報廢。當然，也有因為誤判定，將尚能使用的材料報廢的，如一些外觀類的判定，最容易產生個人差，如果管理人員不加確認的話，就會造成極大的浪費。

想要徹底杜絕材料不良，做到一件報廢都沒有是不可能的，但是可以控制在一定範圍內。

一般來說，有以下原因會造成報廢：

1. 設計失誤

尤其是全新商品的開發設計，不僅財力、人力投入多，而且難度高、風險大，不容易成功。即使開發出來銷售出去，又被客戶退回的事也屢見不鮮。

設計上所造成的報廢特點是：數量多、金額大、挽回週期長，而且極有可能從此失去市場的認可。所以新機種上市之前的驗證要小心再小心！有人形容產品是「設計定勝負」，此話恰如其分。

2. 作業(加工)失敗

這是日常生產中報廢最多的項目，如作業人員未熟練之前，不良品接二連三地發生，夾具精度不高，難以一次加工到位，沒有設定加工樣品，任由作業人員自行判定等，都會造成一大堆報廢。

3. 各種試驗損壞

品保部門定期所進行的各種試驗，如耐久測試、溫度測試、振動測試、落下測試、連續行走測試……等等，這些都是「殺傷性」很強的試驗，這些試驗品當然不能作為商品賣給客戶。試驗越多，報廢越多，這是不得已的事，屬於必須報廢品。

4. 其他因素造成的報廢

如搬運工具不佳，造成搬運途中的損壞：製作樣品送給協作廠家和客戶，有去無回：不可抗拒的天災突然降臨；失竊……等無法預料的事，最終都會造成報廢。

對於嚴重的材料不良，大家都知道該怎麼做，可對於不良品界限類的自責材料，管理人員有時也很難作出決斷。用了，害怕引發更大的損失，不用了，明擺著要扔掉，怪可惜的！左也不是，右也不是。在決定用與不用之間，有三個判定盲點區需要引起注意。

第一個盲點區是「好處」淡薄化。

報廢時，腦子裏總是不停地想著它的種種不是，如何的不好用；如何的低效率……而忘了尋找挽回的措施；忘了花在它身上的成本；忘了它還值多少錢。

第二個盲點區是與己無關的心態。

換一個新材料，花不了幾個錢。再說老的不去，新的不來，扔就扔了吧！反正錢是老闆出，方便自己得，何樂而不為呢！這是一種不負責的心態，如果老闆無錢可賺，用什麼發工資給你呢？

第三個盲點區是判定手法不統一或手續煩瑣，寧扔不判。

如一些外觀材料的小瑕疵，見人見智，本來就沒有一個絕對標準。如果確認一個小瑕疵要花費許多週折才有結果的話，多數人會選擇「與其找人判定，不如換個新的算了」的做法。

在這三個盲點區的支配下，不少良品材料被「錯殺」了，被當做垃圾一樣報廢了。持續不斷的報廢就像是「放血」一樣，縱有金山銀山，也一樣會流個精光，形同自殺。

審查材料報廢時，要筆下留情，這一筆下去，本來到手的錢立刻就不見了，大筆揮不得！

要防止報廢，就要削減不良。當不良穩定在一定程度上時，通常可以用如下的方法來應付報廢：

1. 總金額限制

在每一個經營期(設半年為一期)裏，事先劃定材料報廢總額，全工序各項材料報廢金額之和不得超出此限。該總額按生產數量多少平均分攤到每一個月，月底核對有無超額，若有，立即找出對策方法於下月挽回，以求整體平衡。

此法雖不能有效剷除不良，卻能抑制濫報廢的現象。它可以防止報廢金額過大；可以防止個別不負責的入，隨意濫報廢，做到製造成本心中有數，換言之，是「不求有功，但求無過」的做法，因此，許多現場(企業)樂用此法。

2. 專人確認，分級審核

如現場挑選出來認為外觀有問題的材料，可送至品保部門作最後判定。一些價格昂貴、數量大的非外觀類材料可交由技術部門作最後判定。價格低、數量少的材料由製造部門判定：成品由生產管理部門確認，總經理承認等。

250 錄音機製造科每月報廢金額一覽表

250錄音機製造科每月報廢金額一覽表					股長	做成
				2013/4/5		
月份	2012/10	2012/11	2012/12	2013/1	2013/2	2013/3
本流	500	852	489.5	601.6	1653.2	471.8
部組	364.5	598	570.5	841	986	503.9
電路板	52.9	25.4	89.1	79.4	57	46.8
包裝	74	81	76.3	48.2	92.3	39.5
小計	991.4	1556.4	1225.4	1570.2	2788.5	1062
實際累計	991.4	2547.8	3773.2	5343.4	8131.9	9193.9
佔計劃比率	8.2%	21.2%	31.4%	44.5%	67.7%	76.6%
*目標為每月2000元，本期計劃報廢總金額12000元以下。 *本期已達到控制目標，只報廢76.6%。						

也可以按涉及金額的大小，設置不同的審核職務。如科長一次可以承認 500 元以下的材料報廢，部長一次可以承認 1000 元以下的材料報廢……此法可以避免越權報廢，使大金額報廢要報告給高級管理人員才能進行。

專人確認，分級審核也是現場管理中較常用的方法之一，如果與「總金額限制」的方法相結合，則效果更佳。

3.抓大放小，抓多放少

對單價高的或是發生數量多的進行重點管理，對單價低、偶發的不予理會。每月月底作成報廢金額大小的《排列圖》，專攻前幾位，你會發覺報廢金額下降得很快。

2013 年錄音機製造科自責損金一覽表

2013/6錄音機製造科自責損金一覽表						主管	作成
2013/7/2							
NO	編號	名稱	數量	金額	原因	累計	
1	BK7314	計數輪	625	187.5	熱列印不良	187.5	
2	BK7328	飛輪	120	120	測試損壞	307.5	
3	BK7682	B蓋	109	54.5	生產結束	362	
4	BZ9445	緩衝框	100	50	測試損壞	412	
5	BK6511	墊片	72	36	變形	448	
6		其他	68	72.5		520.5	

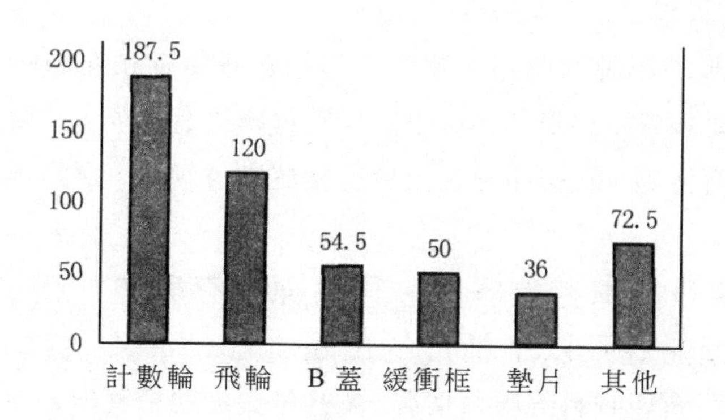

4.轉作他用

雖然對該機種來說已經無法使用，但在其他方面也許還有用途，想想以下幾點再報廢不遲。

①能否再生利用？如塑膠、金屬、紙張的再生利用率很高。

②能否轉賣出去？對其他業來說還可正常使用。

③能否改作其他用途？或是用在低檔次的機種上？

50 生產線是否發料太多了

單品材料在線庫存太多，說明材料的派發方法和包裝量有問題。部件在線庫存過多，說明各工序工時不平衡，前後銜接失調。

在線庫存是指：存放在工序上的單品材料以及部件(包括不良品)，也有人稱之為「截存」、「節存」。

我們平時所說的庫存，實際上是指倉庫庫存和在線庫存這兩部份。如果要調查庫存量的話，不能只看倉庫裏有多少，也要對工序上的材料進行清點。在線庫存也要進行精確數量管理，這是出於以下考慮：

1. 當在線庫存過多時，則倉庫庫存就會「變」少，有可能導致以下情形的出現：

(1)發生倉庫缺料的虛假情況，尤其是製造現場管理人員與倉庫管理人員情報交流不暢時。

(2)工序上的作業空間被擠佔，被迫擁有倉庫功能。

(3)生產現場 3S 活動難以開展，作業環境有所惡化，間接影響士氣提高。

(4)良品與不良品相互混淆的可能性增大。

(5)發生不良時(部件)，對策挽回工時長。

2. 在線庫存小時，有可能導致以下情形的出現：

(1)後工序停工等待前工序來料的機會增大。

⑵如果生產部件的設備、夾具突發不良，那怕是短時間的，如無在線庫存供給總裝線，全部都得停產。

3. 在線庫存數量還受以下因素的影響：

⑴來料時的單位包裝量如何？包裝量大，就會出現暴漲慢消的局面。

⑵倉庫出料的時間如何？同一班次裏，出料時間越靠後，在線庫存的量越大。

⑶倉庫出料的次數如何？同一班次裏，出料的次數越少，在線庫存的量越大。

⑷來料的不良率如何？不良率越高，在線庫存的量越大。

由此可見，在線庫存量不容易確定，一旦預留的量不合適，也會引起生產混亂。適時、適量是決定在線庫存的基本原則。

在控制材料層面，要注意下列工作重點：

1. 設定與生產相適應的物流方向和接收方法

不少工廠都提出「一切圍繞製造轉」的口號，原意為所有的部門圍繞製造這件事來開展工作。然而有不少人誤以為是圍繞製造這個部門來開展工作，因此心裏有一定抵觸情緒，或者只顧及本部門的利益，有時使得物流方向和交接方法的改善不易進行。以下方面值得注意：

⑴為了確保自身利益，前後兩個工序很難完全相互信任，每次交接都要相互確認。材料數量越多，確認的時間就越長。物流環節越多，材料就越分散，到處都有庫存，停留待確認的材料就越多。

⑵前後兩個工序如果沒有約定物流方向和交接方法的話，對交接的數量、時間、地點、交接者等的理解就各不相同。要麼無視後工序的需求情況，只顧自己猛出；要麼無視前工序的能力，一味提出不合

理的出料要求。尤其是資材部門與製造部門在組織上相對獨立時，更不易協調，其結果往往是在線庫存只增不減。

錄音機製造所需的材料，由於各個環節對材料持有數量、停滯時間等並沒有明確的約定，以致各個環節都有庫存。一旦發生材料品質不良時，單是一級級的情報回饋都要花費漫長的時間，更別說實物的對策了！物流環節的多寡與生產效率成反比。

2.從生產一開始就設定預留量(即最小在線庫存量)，以後就照計劃數投入材料，不多也不少

決定預留量時又要考慮以下不利因素：

⑴單品材料含有一定比率的不良，不良率高，預留量多。

⑵從第一台開始投入到產出，需要一段時間。我們訂立的生產計劃多數情況下是指產品的產出時間，換言之，投入時間要提前才行，提前越多，在線庫存越多。

⑵基於⑴的理由，部件生產的投入又要略快於總組裝線。

3.嚴格跟點，每工序都按預定計劃準時投入、產出

如果是流水線生產方式的話，則有以下不利因素：

⑴當不良品甲在工序 A 發生後，則甲要暫時離線修理或就地修理(延時)，因此 A 以後的工序，未能按計劃收到甲，便會出現「真空工時」，無事可做。一旦甲修理好後，重新返回再投入時，又出現二點重疊，工時被迫縮短，工時失去平衡，A 以後的工序順延無法跟點，這是導致「被動不良機」(因工時被前工序打亂而無法確保作業品質)的發生。當不良無法於本班次內修復時，為了保證按計劃產出，要麼加大材料投入；要麼延長作業工時，而這二者都使得在線庫存數量增大。

⑵個別作業人員無視線點，不跟點作業，或快或慢，擾亂了後工

序作業工時，形成後工序的在線庫存忽大忽小的局面。

⑶缺席頂位者不熟練作業內容，無法跟點作業，使得本工序在線庫存增大，後工序庫存多或庫存少。

4.設定最佳「最低包裝量」

⑴最低包裝量大的話，比如一包就是上萬個，即使本班次生產不需要那麼多材料，也會被迫持有，造成在線庫存猛增。

⑵最低包裝量少的話，作業人員就得做一會拆一次包，工時平衡被破壞，而且還會產生一大堆包裝材料，影響 3S 活動的開展。

⑶最低包裝量要考慮到生產數量(當班)、材料體積大小、現場擺放空間、出料次數多少等幾個因素後才能決定，當然這需要前工序的大力配合才行。

5.及時削減工序內不良

管理人員水準的高低與否不能從產品合格率上直觀地看出來，未能及時修復的不良品也會造成在線庫存增大。在對待不良品的問題上，有以下不利因素存在：

⑴技術人員、管理人員的能力和態度，因為這樣那樣的原因，不容易統一保持在最佳狀態。有人想大幹一場；有人卻推脫觀望，以致影響不良對策的進展。

⑵重大不良需要多個部門配合時，各部門各行其是，不容易取得一致意見或協調步伐。

⑶當交貨期緊逼，挽回時間不多時，對策內容未能深思熟慮。

針對以上不利因素，可採取如下對策：

①技術人員、管理人員現場駐屯(辦公室就設在現場)，在不良發生的第一時間內，就能立即研討成因，以防不良持續再發，設備、夾具之不良也能立即得到修復。

②品質檢查部門所檢出的致命不良品，可由技術人員直接解析，這樣技術人員可隨時把握重大不良動態。

③修理人員真正意義上的「全能工化」，能適應所有工序的作業；能修理所有常見之不良；能隨時修復產生的不良。

6. 退料補貨要遵守規定

生產線上如果發現有與產品規格不符的物料、超發的物料、不良的物料和呆料，應對其進行有效的控制，進行退料補貨，以滿足生產的需要。

退料補貨往往要涉及幾個部門的工作，如貨倉部負責退料的清點與入庫，品管部負責退料的品質檢驗，生產部負責物料退貨與補料等，所以有必要制定一份物料退料補貨的控制程序。以下提供某工廠退料補貨的工作程序，供參考。

⑴退料匯總：生產部門將不良物料分類匯總後，填寫「退料單」送至品管部 IQC 組。

⑵品管鑑定：品管檢驗後，將不良品分為報廢品、不良品與良品三類，並在「退料單」上註明數量。對於規格不符物料、超發物料及呆料退料，退料人員在「退料單」上備註不必經過品管直接退到貨倉。

⑶退貨：生產部門將分好類的物料送至貨倉，貨倉管理人員根據「退料單」上所註明的分類數量，經清點無誤後，分別收入不同的倉位，並掛上相應的「物料卡」。

⑷補貨：因退料而需補貨者，需開「補料單」，退料後辦理補貨手續。

⑸賬目記錄：貨倉管理員及時將各種單據憑證入賬。

⑹表單的保存與分發：貨倉管理員將當天的單據分類歸檔或集中分送到相關部門。

51 要早點回饋情報

因情報交流不順暢而延遲的時間成本，比起不良材料自身的價值要大得多！不早點回饋給別人，就別指望能早日解決！

z 隨著行業分工的進一步細化，總組裝廠(也稱龍頭企業)與協作廠家的關係越來越密切，彼此建立一種「一榮俱榮，一損俱損」的依存關係。

下圖是總組裝廠與協作廠之間的業務聯繫途徑，從圖中不難看出以下幾個問題點：

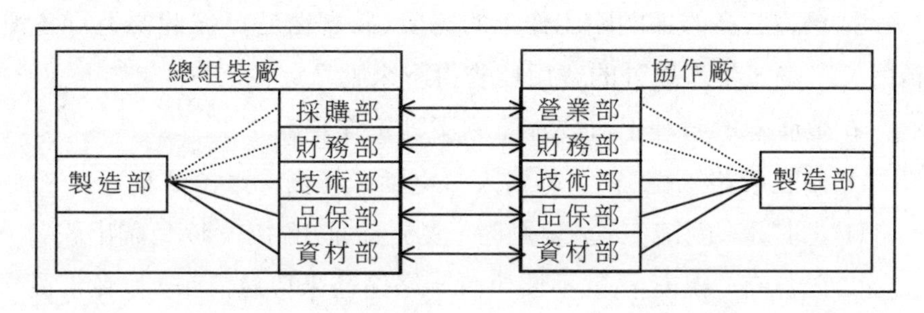

1. 總組裝廠與協作廠的製造部並不直接發生業務上的聯繫，而是通過本廠其他部門對外聯繫。

這種聯繫途徑對總組裝廠的製造部來說有以下不利因素存在：

(1)品質對策週期長。如果發生宋料品質不良，那麼這個情報要先由製造部回饋到技術部，然後由技術會同品保的意見後再回饋到協作廠家。

⑵數量補償週期長。如果發生數量欠缺，數量補償要求也是由資材部向協作廠家回饋，索取後才補發給製造部。

一個情報從立項、確認、整理、發出，要「過五關斬六將」，企業規模越大，部門越多，情報傳送速度就越慢，辦事效率自然低下，人為延遲情報回饋的事時有發生。

為了緊急解決某項不良，製造現場急得團團轉，可間接部門不緊不慢。對製造現場的人來說，則有「製造圍著大家轉」，而不是「大家圍著製造轉」的感覺，這在一定程度上挫傷了現場人員的積極性。

2. 不論那一個部門出錯，製造部或多或少都會受到影響。

每一部門不僅要和協作廠家的「視窗」打交道，還得與本廠的其他部門協調意見，統一做法，情報不僅要橫向、縱向交流，而且交叉交流。人多嘴雜，一不小心，就會出錯！

3. 聯絡、接待、訪問等費用居高不下。

試想這麼多的部門因工作上的需要(確實也是)，彼此要進行各種聯絡、出差，生產以外的費用能省得下來嗎？

在生產線的管理上，要注意到下列工作重點：

1. 確立聯絡「視窗」(聯絡人、電話、傳真、電子信箱)。

⑴尤其是「視窗」人員變動時，要及時通知對方，以免鬧出誤會。

⑵既然有「視窗」，就不要另設聯絡途徑來傳遞情報，以免混亂。

2. 及時、準確、真實地把情報整理出來，並回饋到相關部門或協作廠家。

⑴情報越詳細越好，不要局限於文字表述，要儘量多用圖片、聲像等手段來描述情報。

⑵情報發出後，別忘了確認一下對方是否收到，那怕是口頭上問一下。

⑶情報要清晰可見、可聽、可感覺，易於接收。

3.一旦磋商確定應急對策、長久對策之後，立即通知對方「視窗」，為對方能夠及時作出反應創造條件。

能早一分鐘，就早一分鐘，多為對方創造充分時間，只有這樣才能要求對方在最短時間內作出反應。

⑴儘量數字化、實物化。

除了有說明文字外，還要將不良率、《現品票》、現有在庫數量、實物等用來說明情報的資料，送給協作廠家。

⑵本廠各部門定期交換意見，保持同一看法、做法。

雖然出差能夠使情報得到最直接的交流，但它的費用也是最高的，非不得已的差不出。如果用通信手段就能充分交流的情報，就用通信手段解決。

企業組織中，要建立「統一對外小組」，將有對外業務的人員組成一小組，指定組長，由組長全權指揮對外。

52 如何進行現場整理

整理，就是清除現場不需要的物品，騰出更多的空間來管理必要的物品，從而節省尋找物品的時間，提高現場工作效率。

1. 確定整理標準

現場存在的無用物品既佔據大量的空間，又造成了資源浪費。所以必須確定要與不要的標準，使現場人員能正確地進行區分。

真正需要的：

⑴正常、完好的機器設備

⑵各種作業台、材料架、推車

⑶正常使用的工裝夾具

⑷各種生產所需的物料

⑸各種使用中的看板、宣傳欄

⑹有用的文件資料、表單記錄

⑺尚有使用價值的消耗用品

⑻其他必要的物品

確實不要的：

⑴作業台面上的多餘物料

⑵各種損壞的設備、工裝夾具

⑶各種與生產無關的私人用品

⑷呆料、滯料和過期物品

⑸陳舊無效的指導書、工裝圖

⑹過期、陳舊的看板

⑺各種壞損的吊扇、掛具

⑻地面、天花板、牆面上的污漬

2.現場檢查

在確定了要與不要的判斷標準後，就應組織人員進行全面的現場檢查，包括看得見和看不見的地方，尤其是容易忽略的地方，如牆角、桌子底部、設備頂部等。

3.區分必需品和非必需品

根據相應的判斷標準，對現場的各種物品進行區分，並將各種需要處理的物品進行分類，等待處理。對於區分後的非必需品要貼上紅牌，標明該物品需要進行清理。

紅牌的對象不僅僅是物品，那些已過期失效的規程、作業標準等也可以是紅牌的對象。

⑴紅牌製作

貼紅牌是為了使各種非必需品能醒目顯示，具體的製作要點如下。

①可使用紅色紙、紅色貼著膠帶、用自粘貼紙重覆使用、紅色圓形貼紙等。

②在紅牌上寫明貼附理由及作記錄。

③將物品的類別、名稱、編號、數量、日期等一一列明。

⑵貼紅牌

對於各種非必需品要堅決貼上紅牌，而且不能漏掉任何一件物品。貼上紅牌以後，應制作一覽表，以區分各種不同物品。

紅牌物品一覽表

編號	名稱	數量	單價	金額	分類	

4. 清理非必需品

清理非必需品，要看物品現在有沒有「使用價值」，而不是原來的「購買價值」，同時注意以下要點。

對暫時不需要的物品進行整理時，如不能確定今後是否還會有用，可根據實際情況來決定一個保管期限。等過了保管期限後，再將其清理出現場。

如果非必需品有使用價值，但可能涉及專利或企業商業機密應按企業具體規定進行處理。如果只是一般的物品，則可將其分類並考慮折價出售。

如果非必需品沒有使用價值，可視具體情況進行折價出售處理。

53 如何實施整頓

整理的主要目的是清除現場的非必需品，而現場的有序還需進行整頓來實現。整頓就是將現場必需的物品進行定位、標示，以使其容易取用和放回。

1. 物品分類

根據物品各自的特徵.把具有相同特點、性質的物品劃為一個類別，並制定標準和規範，為物品正確命名、標示。

2. 做好物品定置

物品的存放通常採用「定置管理」，即對現場的人、物進行綜合分析，並進行具體的定置。

現場的定置要點

序號	定置對象	定置要點
1	作業現場	(1)制定標準比例的定置圖，清楚地標示作業區域、通道、物品存放區 (2)明確各區域的管理責任人 (3)各種物品如物料、半成品、設備等都用色彩或標示牌顯示
2	作業工序	製作各工序、工位的定置圖，放置相應的圖紙文件架、櫃等
3	作業台	將各作業台進行定置，並隔開不同的作業台
4	設備	可採用四角定位的方法，並在每台設備上掛上相應的標示牌

3. 做好標示

在實施定置後，對現場的物品、設備等必須進行標示。具體的標示要點如下。

⑴製作現場示意圖，並在圖上標明各物品、設備、作業台等，做到一目了然。

⑵現場的不同區域要掛上標示牌，可使用塑膠標牌。

⑶各種作業台、設備等都要使用標示牌，以便進行區分。

54 如何實施清掃

清掃將是將作業場所徹底清掃乾淨，保持現場的整潔。

1. 準備工作

在清掃前，要就清掃的區域、清掃要求等對現場人員一一講明，並重點對清掃中的安全注意事項進行說明。

2. 明確清掃責任

對於清掃，應該進行區域劃分，實行區域責任制，具體到個人。所以針對清掃活動應制定相關清掃基準，明確清掃對象、方法、重點、週期、使用工具等。

以下是某企業的清掃責任表，以供參考。

清掃責任表

責任區域	清掃時間	責任人	清掃要求

3.清掃地面、牆壁和窗戶

在作業環境的清掃中，地面、牆壁和窗戶的清掃是必不可少的。在具體實施清掃時，要將地面的灰塵、垃圾，牆壁上的污漬，天花板的灰塵，角落的蜘蛛網等都清掃乾淨。窗戶應擦洗乾淨。

4.清掃機器設備

設備一旦被污染，就容易出現故障而影響正常的生產活動。所以要定期地進行設備、工具的清掃，並與日常的點檢維護相結合。

具體的清掃要點如下。

⑴不僅要清掃設備本身，還應清掃其附件、輔助設備。

⑵重點檢查跑、冒、滴、漏現象的部位。

⑶注意檢查注油口週圍有無污垢和鏽跡。

⑷查看設備的操作部份、旋轉部份和螺絲連接部份有無鬆動和磨損。

5.查明污垢的發生源

即使每天進行清掃，油漬、灰塵和碎屑還是無法杜絕，要徹底解決問題，還需查明污垢的發生源，從根本上解決問題，具體應從以下事項做起。

⑴在搬運碎屑和廢棄物時要小心，儘量不要撒落。

⑵在搬運水、油等液體時，要準備合適的容器。

⑶在作業現場，要仔細檢查各種設備，查看是否有跑、冒、滴、漏現象。

⑷做好日常清掃，對有黏性的廢物如膠紙、膠水、發泡液等，必須通過收集裝置進行收集，以免弄髒地面。

⑸實施改善活動，在容易產生粉塵、噴霧、飛屑的部位，裝上擋板、覆蓋等改善裝置，將污染源局部化，以保障作業安全及利於廢料收集，減少污染。

6.檢查清掃結果

清掃結束之後不能忽視檢查工作，在檢查是否乾淨時，可採用「白手套檢查法」。即雙手都戴上白色乾淨的手套（尼龍、純棉質地均可），在該檢查對象的相關部位來回刮擦數次，根據手套的髒汙程度來判斷清掃的效果。

使用白手套法檢查時，為保證有效，每次只用一個手指頭的正面或背面來檢查，也可以多預備幾副手套。在檢查有油脂、油墨的工序時，也可以將白紙、白布切小後來刮擦檢查。

55 如何保持現場清潔

清潔是對清掃後狀態的保持，也就是將前 3S 實施的做法制度化、規範化，並貫徹執行及維持前 3S 的效果。

1. 檢查前 3S 的效果

在開始時，要對「清潔度」進行檢查，制定出詳細的明細檢查表，以明確「清潔的狀態」。具體的檢查要點下表所示。

前 3S 的檢查要點

序號	檢查項目	檢查要點
1	整理	檢查現場是否存在不要物品，如果還存在，則編制不要物品一覽表，並及時進行相應的清理工作
2	整頓	⑴檢查現場的各種物品是否做好定置管理 ⑵檢查現場是否進行區域劃線，並將不同區域進行標示 ⑶檢查常用的工具是否擺放好，便於取用和放回
3	清掃	⑴是否制定清掃標準和清掃值日表 ⑵檢查是否將現場的門窗、玻璃、地面、設備、作業台等清掃乾淨

2. 堅持實施 5 分鐘 3S 活動

每天工作結束之後，花 5 分鐘對自己的工作範圍進行整理、整頓、清掃活動。具體應做好以下工作。

⑴整理工作台面，將材料、工具、文件等放回規定位置。

⑵清洗次日要用的換洗品，如抹布、過濾網、搬運箱。

⑶清倒工作垃圾。

⑷對齊工作台椅，並擦拭乾淨，人離開之前把椅子歸位。

3. 持續培訓現場人員

3S 活動展開初期，作業人員接受的是大眾化的培訓內容，如果要和自己的工作對號入座，有時又不知道從何做起。這就要求現場管理者要對作業人員持續進行培訓教育，以加深其對 3S 的認識，並做好現場的整理、整頓和清掃工作。

4. 實施標準化

清潔推進到了一定程度，就進入了實施標準化階段。所謂標準化，就是對於一項任務，將目前認為最好的實施方法作為標準，讓所有做這項工作的人執行這個標準並不斷完善它。在生產現場，「標準」可以理解為「做事情的最佳方法」。

對整理、整頓、清掃如果不進行標準化，員工就只能按自己的理解去做，實施的深度就會很有限，就只能進行諸如掃掃地、擦擦灰、擺放整齊一點之類的事情。要徹底地進行整理、整頓、清掃工作就必須對於 3S 活動的維護方法及異常時的處理方法加以標準化。以維持整理、整頓、清掃工作必要的實施水準，避免由於作業方法不正確導致的實施水準不高、工作效率過低和可能引起的對設備和人身造成的安全事故。

實施標準化，要對工作方法進行分析總結，將最正確、最經濟、最有效率的工作方法加以文件化，並教育員工在作業中遵照執行。

56 如何推行素養活動

素養活動是使員工時刻牢記 5S 規範，自覺地做好 5S，使其更重於實質，而不是流於形式。

1. 明確素養目的

通過實施素養活動，營造一個積極向上、富有合作精神的團隊，使現場人員高標準、嚴要求地維護現場環境整潔和美觀，自願實施 5S 活動，培養遵守規章制度的良好習慣。

2. 制定規章制度

規章制度是員工的行為準則，是讓員工達成共識、形成企業文化的基礎。制定相應的「語言禮儀」、「行為禮儀」及「員工守則」等，保證員工達到素養的最低限度，並力求提高。

為了提高員工對 5S 的認識和參與積極性，可將相關內容融入現場的早會中。同時，也可以開展各種徵文比賽、知識競賽等活動，加深進一步理解和認識，使每位員工分享 5S 活動所帶來的成就感。

3. 實施員工培訓

向每一個現場人員灌輸遵守規章制度、工作紀律的意識，還要創造一個具有良好風氣的工作場所。如果絕大多數員工對以上要求會付諸行動，個別員工和新員工就會拋棄壞的習慣，轉而向好的方面發展。此過程有助於員工養成制定和遵守規章制度的習慣，改變員工只理會自己、不理會集體和他人的潛意識，培養對同事的熱情和責任感。

4.檢查素養效果

開展素養活動之後，要對素養活動的各個方面進行檢查，查看效果如何。素養活動的主要檢查內容如下。

(1)員工行為規範

①是否做到舉止禮儀

②能否遵守現場的規定

③是否做到工作齊心協力，團隊協作

④是否遵守工作時間，不遲到早退

⑤是否遵守各種作業標準

⑥是否與同事相處融洽

(2)儀容儀表

①是否穿戴規定的工作服上崗

②是否按規定佩戴整齊工作牌

③服裝是否乾淨、整潔

④是否勤修指甲

⑤是否勤梳理頭髮

⑥面部是否清潔並充滿朝氣

工作要點：

(1)現場的佈置要本著方便生產作業和保證員工安全的要求進行。

(2)推行 5S 時，各具體的項目活動不是絕對孤立的，可以互相結合進行。

(3)必須做好現場每日清掃，保持乾淨、整潔。

(4)組織推行現場 5S，可以對各班組的具體實施評比，以促進現場的共同提高。

57 現場 5S 活動的執行

在生產現場的管理中，通過 5S 活動，可以提升品質，降低不良，減少浪費，確保交貨期，安全有保障，工作無傷害，管理氣氛融洽，工作規範。

對 5S 活動的執行負重大責任，是現場管理者，生產現場管理者必須理解 5S 執行的內容，否則無法使用活動進展順利。

工廠生產現場 5S 活動表

區分	活動內容
5分鐘 5S活動	(1)檢查你的著裝狀況和清潔度
	(2)檢查是否有物品掉在地上，將掉在地上的物品都撿起來，如零件、產品、廢料及其他
	(3)用抹布擦乾淨儀錶、設備、機器的主要部位及其他重要的地方
	(4)擦乾淨濺落或滲漏的水、由或其他髒汙
	(5)重新放置那些放錯位置的物品
	(6)將標示牌、標籤等擦乾淨，保持字跡清晰
	(7)確保所有工具都放在應該放置的地方
	(8)處理所有非必需品
10分鐘 5S活動	(1)實施5分鐘5S活動的所有內容
	(2)用抹布擦乾淨關鍵的部件及機器上的其他位置
	(3)固定可能脫落的標籤
	(4)清潔地面
	(5)扔掉廢料箱內的廢料
	(6)檢查標籤、說明書、入油口和糾正任何差錯

生產現場 5S 檢查表

部門： 檢查日： 檢查人：

項目	內容	滿分	得分	問題點
整理	⑴有無定期實施紅牌作戰管理（拋棄非必需品）	4		
	⑵有無不需要用、不急用的工具、設備	4		
	⑶有無剩餘材料等不需要品	4		
	⑷有無被不必要的隔間擋住視野	4		
	⑸作業現場有無定置區域化標誌	4		
整頓	⑴有無設置位址，物品是否放置在規定位置	4		
	⑵工具、夾具有無手邊化、附近化、集中化	4		
	⑶工具、夾具有無歸類存放	4		
	⑷工具、夾具、材料等有無規定放置位置	4		
	⑸廢料有無規定存放點，並妥善管理	4		
清掃	⑴作業現場是否雜亂	4		
	⑵工作臺面是否混亂	4		
	⑶生產設備有無汙損或附著灰塵	4		
	⑷區域線（存物、通道）是否明確	4		
	⑸工作結束、下班前有無清掃	4		
清潔	⑴3S有無規範化	4		
	⑵有無定期按規定點檢設備	4		
	⑶有無穿著規定工作服	4		
	⑷有無任意放置私人用品	4		
	⑸有無規定吸煙場所並被遵守	4		
素養	⑴有無日程進度管理表並認真執行	4		
	⑵有無安全保護裝備用品並按規定使用	4		
	⑶有無制定作業指導書，並嚴格執行	4		
	⑷有無發生緊急事件的應急方案、程序	4		
	⑸有無遵守上下班時間，積極參加推進小組會議	4		
評語				

58 要確實管制交貨期

交貨期管理是為遵守和顧客簽訂的貨期，按質、按量、按期地交貨，同時按計劃生產並統一控制的管理。交貨期管理不好會產生許多直接的後果：

· 在預定的交貨期內不能交貨給客戶，會造成客戶生產上的困難。

· 不能遵守合約，喪失信用，將會失去客戶。

· 生產現場因交貨延遲使作業者士氣低下。

· 現場的作業者為挽回時間勉強加班加點地工作，若這種情況經常發生可能會因此而病倒。

· 交貨期管理不好的企業，品質管理和成本管理也不會好。

一、確保交貨期的對策

1. 交貨期延遲原因

(1)緊急訂單多

緊急訂單多、交貨期過短，從而引起生產準備不足、計劃不週、投產倉促，導致生產過程管理混亂。

(2)產品技術性變更頻繁

產品設計、技術變更頻繁，生產圖紙不全或一直在改，以致生產作業無所適從，導致生產延遲。

⑶物料計劃不良

物料計劃不良，供料不及時，以致生產現場停工待料，在製品移轉不順暢，造成生產延遲。

⑷生產過程品質控制不好

不良品多、成品率低，從而影響交貨數量。

⑸設備維護保養欠缺

生產設備故障多，工模夾具管理不善，導致生產延遲。

⑹生產排程不佳

生產排程不合理或產品漏排，導致生產效率低或該生產的產品沒生產。

⑺生產能力、負荷失調

產能不足，外協計劃調度不當或外協廠商選擇不當，作業分配失誤，導致交期延遲。

⑻其他

沒有生管人員或生管人員不得力，生產、物料控制不良，部門溝通不良，內部管理制度不規範、不健全，導致交期延遲。

2.生產現場的原因

以上原因的分析是相對整個企業而言，要就生產現場的細節進行解析，並提出改善對策。

⑴源自生產現場的原因

①工序、負荷計劃不完備。

②工序作業者和現場管理者之間，產生對立或協調溝通不好。

③工序間負荷與能力不平衡，中間半成品積壓。

④報告制度、日報系統不完善，因而無法掌握作業現場的實況。

⑤現場人員管理不到位，紀律性差，缺勤人數多。

⑥生產技術不成熟，品質管理欠缺，不良品多，致使進度落後。

⑦生產設備、工具管理不良，致使效率降低。

⑧作業的組織、配置不當。

⑨現場管理者的管理能力不足。

⑵改善對策

①合理進行工廠配置，並提高現場主管的管理能力。

②確定外協、外包政策。

③謀求縮短生產週期的方法。

④加強崗位、工序作業的標準化，制定作業指導書等，確保作業品質。

⑤加強教育訓練(新員工教育、作業者多能化培訓、崗位技能提升訓練)，加強人與人之間的溝通(人際關係改進)，使作業者的工作意願提高。

⑥加強生產現場信息的收集和運用。

二、如何控制生產進度

生產進度落後會直接影響交貨期，所以現場必須對生產進度進行跟蹤控制，以便把握準確的交貨期。

1. 進度控制方法

為了掌握具體的生產進度，通過下面的方法進行。

⑴設置進度看板

即在生產現場顯眼的地方設置一個「生產進度看板」，把預定目標及實際的生產數據，在第一時間同步反映出來。通過查看該看板能及時把握具體的進度。

表 58-1 作業進度控制方法說明

控制方法	使用說明
口頭通知	· 口頭通知運用於現場巡視，特別適用於現場的一般提示和預見性控制 · 這種方法可以使作業人員之間進行交流與溝通，對操作行為不當甚至是錯誤行為進行指正和批評，並要求其進行改正
書面通知	· 發現實際進度滯後於計劃進度時，應按進度控制規範簽發通知單，要求其採取調整措施 · 時限範圍：第一次發現現場進度失控或較長時間沒有失控而近期又有失控時 · 書面文件中應對作業現狀進行評價，指出其與進度計劃不相符的內容
現場專題會議	· 在會議之前，生產管理人員應收集相關進度控制資料，作為進度專題會議的基礎資料 · 在會議上要總結進度落後的原因，並對其進行改正 · 現場專題會議由生產管理人員、作業人員和部門管理人員參加
上層高級會議	· 在會議上對工作進度進行評價，特別是對進度上存在的問題進行客觀的指正 · 上層高級會議由生產管理人員、部門管理人員參加以及上層參加

⑵查看各種報表

在跟蹤的過程中，要及時查看現場以及相關人員遞交的各種相關表格，如生產量日統計表、作業日報表等。

⑶使用進度管理箱

為了掌握整體的生產進度，可以考慮使用進度管理箱。具體實施時，可以設計一個有 60 個小格的敞口箱子，每一個小格代表一個日期。每行的左邊三格放生產指令單，右邊三格放領料單(例如，某月 1 日的指令單放在左邊 1 所指的格子裏，則領料單放在右邊 1 所指的格子裏)。這樣放置之後，抬頭一看，如果有過期沒有處理的，就說明進度落後了，要採取相關措施。

表 58-2　進度管理箱

1	11	21	1	11	21
2	12	22	2	12	22
3	13	23	3	13	23
4	14	23	4	14	23
5	15	25	5	15	25
6	16	26	6	16	26
7	17	27	7	17	27
8	18	28	8	18	28
9	19	29	9	19	29
10	20	30	10	20	30

2. 處理落後的進度

在生產過程中，趕不上生產計劃是很正常的。所以在出現生產進度落後時，要積極採取相關措施。

⑴調整班次，安排人員加班、輪班。

⑵外包生產。對於不急的訂單可以外包給其他廠家，集中精力主攻重要、緊急的訂單。

三、縮短交貨的對策

為達到縮短交貨期的目的，可採取以下的方法：

1. 調整生產品種的前後順序

特定的品種優先進行生產，但這種優先要事前取得銷售部門的認可。

2. 分批生產、同時生產

同一訂單的生產數量分做幾批進行生產，首次的批量少點，以便儘快生產出來，這部份就能縮短交貨期，或用幾條流水線同時進行生產來達到縮短交貨期的目的。

3. 短縮工程時間

縮短安排工作的時間，排除工程上浪費時間的因素，或在技術上下工夫加快加工速度以縮短工程時間。

4. 對已延遲交貨期的補救方法

⑴在知道要誤期時，先和不急著要的產品對換生產日期。

⑵延長作業時間(加班、休息日上班、兩班制、三班制)。

⑶分批生產，被分出來的部份就能挽回延遲的時間，使顧客有一定數量的貨進行生產。

⑷同時使用多條流水線生產。

⑸請求銷售、後勤等其他部門的支援，這樣等於增加了作業時間。

⑹委託其他工廠生產一部份。

四、解決工具

企業可透過甘特圖對生產進度進行控制，以確保交期的準確性。

甘特圖是 20 世紀初由亨利· 甘特開發的。它是一種線條圖，橫軸表示時間，縱軸表示要安排的活動，線條表示在整個期間內計劃和實際的活動完成情況。企業管理者可透過甘特圖發現實際進度和計劃要求的偏差，並及時對其進行調整，確保交期準確。

甘特圖形式簡單，在計劃制訂和進度管控中得到廣泛的利用。企業在繪製甘特圖時，可參照以下步驟。

⑴確定任務設計的所有工作、活動和內容，對其名稱、先後順序、開始時間、工期、結束時間和依賴性等進行明確定義。

⑵確定時間刻度，按照時間順序將刻度以橫軸的形式標識出來。

⑶將已確定的全部工作、活動及內容按順序以縱軸形式自上而下進行排列。

⑷將每一項工作、活動和內容的工期從開始時間點繪製到結束時間點。

⑸在甘特圖中繪製分項目，並將各個工作、活動和內容之間存在的依賴性以箭頭的形式表示出來。

⑹根據任務或項目進展情況，將已完成的工作內容納入甘特圖，以展示當時的工作狀態。

表 58-3 生產進度跟蹤

產品名稱：　　　　　　　　　　　　　　　　訂單號碼：

項目 / 日期	生產進度				是否落後	備註
	計劃數	本日實際生產數	累計數	累計完成率		

表 58-4 確保交期報告書

日期：　　　　　　　　　　　　　　　　　No.：

訂單號	品名	延遲數量	原因	補救措施	預定完工期	責任單位

五、如何處理交貨期延遲

交貨期延遲並非僅僅是生產的原因，採購、品質、物料等方面的其他原因也可能導致產品生產延遲，影響交貨期。對已經延遲交貨期的應採取以下的補救方法。

(1)在知道要誤期時，先和不急、不重要的訂單對換生產日期。

⑵延長作業時間(加班、休息日上班、兩班制、三班制)。

⑶分批生產，被分出來的部份就能挽回延遲的時間。

⑷同時使用多條流水線生產。

⑸請求銷售、後勤等其他部門的支援，這樣等於增加了作業時間。

⑹外包給其他工廠生產一部份。

表 58-5　生產異常報告單

生產批號		生產產品		異常發生單位	
發生日期		起訖時間	自　時　分至　時　分		
異常描述				異常數量	
停工人數		影響度		異常工時	
緊急對策					
填表單位	主管： 審核：　填表：				
責任單位 分析對策					
責任單位	主管： 審核：　填表：				
會簽					

表 58-6　生產滯後原因分析表

時間/月或旬	生產批數	落後批數	落後原因							
			待料	訂單更改	效率低	人力不足	設備故障	放假	安排不當	其他

表 58-7　自我檢查要點

序號	檢查要點	是√否×	改進
1	在制定生產計劃前，是否對相關的人員、物料、技術、設備等進行綜合分析		
2	是否制定了完整的月、週生產計劃		
3	是否將出貨計劃與生產計劃進行協調，以便組織生產		
4	對於生產中的各種緊急訂單，是否及時進行安排，並調整原有的生產計劃		
5	當出現計劃延遲時，我會第一時間將具體情形公佈出來讓現場人員知道，並採取相應的補救計劃		
6	是否採取各種有效措施，瞭解並控制生產進度		
7	對於交貨期變更提前的情形，是否與各班組長進行討論，確定具體的應對方案		
8	安排人員加班時，我會將加班的原因向其說明		

表 58-8 作業交期管理的方法

管理方法	具體說明
降低生產計劃變化性	企業的生產產能短期來看是固定的，但客戶需求的變動卻直接影響企業生產工作量，以及交貨期。因此，企業的相關人員應將重點放在與客戶的溝通上，使企業瞭解客戶的實際需求，從而使企業的生產產能根據實際客戶需求來變動
減少預備時間	· 企業生產作業預備時間的改善可以增加出產排產的彈性，減少出產時間 · 減少預備時間的方式很多，主要包括購買新機器設備、變更設備設計、使用輔助設備、改善工作流程、使用尺度工具等
解決生產線上的瓶頸	· 在非連續性的制程中，企業需要根據每道工序的生產量來平衡每個環節的產能。當生產環節出現混亂時，就會出現瓶頸，而瓶頸不僅影響著產出量，也影響整個作業交期 · 解決瓶頸的方法有以下幾種：在每一瓶頸環節前鋪排一個緩衝庫存區；控制材料進入瓶頸環節的速度；縮短預備時間，以增加瓶頸環節的產出量；調整工作量的分配，變更生產線的排程

59 生產瓶頸的解決對策

許多公司的工廠都有生產混亂的現象，如客戶天天催貨，計劃部門頻頻更改出貨計劃，生產部門時而待料、時而通宵加班，品質老是上不去，生產效率低下等，其原因自然與銷售部門有關，但最主要的還在於工廠，在於工廠生產任務管理方面的不完善。

在一條生產流水線上或者是某個生產過程的生產環節中，其進度、效率和生產能力常常存在很大差異，這必然會導致在整體生產運作上出現不平衡的現象，正如「木桶短板原則」中，最短的一條決定水位高度一樣，生產瓶頸也最大限度地限制了生產能力、生產進度和生產效率，從而影響生產任務的完成。

現場瓶頸是阻礙企業業務流程更大程度地增加有效產出或減少庫存和費用的環節。在各生產環節中，由於生產進度、效率和生產能力存在很大的差異性，因此產生了現場瓶頸。

一、生產瓶頸的表現形式

1. 工序方面的表現

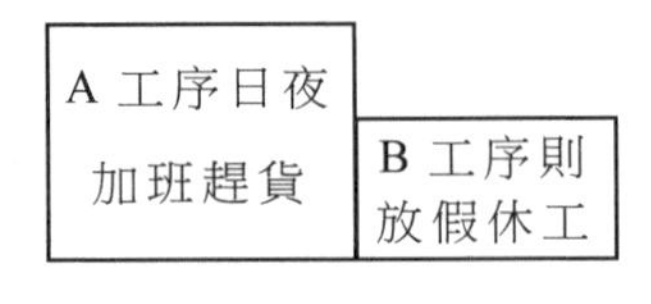

2. 半成品方面的表現

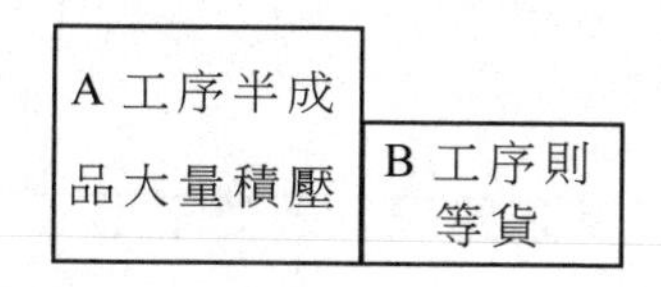

3. 均衡生產方面的表現

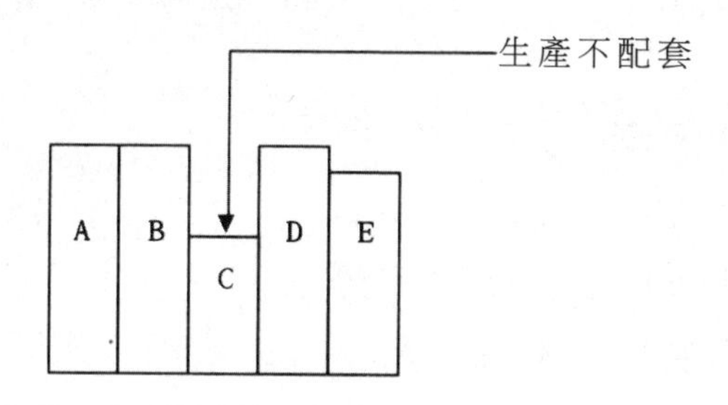

4. 生產線上的表現

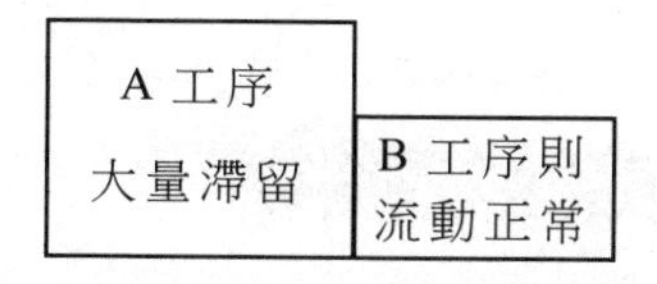

二、引發瓶頸的因素

1. 材料供應

個別工序或生產環節所需要的材料若供應不及時，就可能會造成生產停頓，而在該處形成瓶頸。

2. 品質

若個別工序在生產上出現品質問題，會造成生產速度降低、返工、補件等情況出現，而使得生產進度放慢。

3. 技術

技術設計或作業圖紙跟不上，因而影響生產作業的正常進度。

4. 人員因素

個別工序的人員尤其是熟練工數量不足。

5. 設備

設備配置不足或設備的正常檢修與非正常修理，都會影響該工序的正常生產。

6. 突發性因素

因偶然事件或異動而造成瓶頸問題，比如人員調動、安全事故、材料延期、因品質不良而停產整頓等。

7. 由時間決定的因素

有些工序是必須要等待若干時間才能完成的，且不可人為縮短，這類工序也將會出現瓶頸。

三、生產瓶頸的解決方法

1. 生產進度瓶頸

(1)什麼是生產進度瓶頸

生產進度瓶頸，是指在整個生產過程中或各生產工序中，進度最慢的時刻或工序。進度瓶頸又分：

①先後工序瓶頸

先後工序瓶頸圖

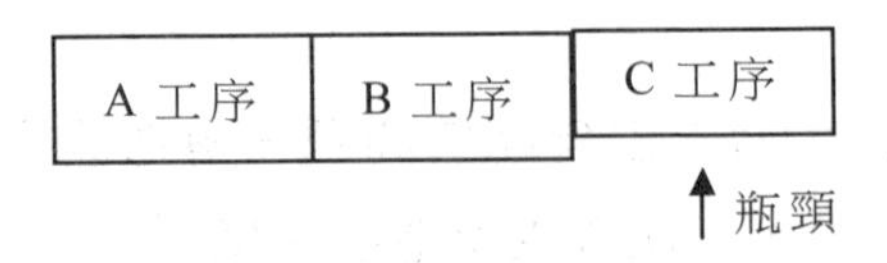

存在著先後順序的工序瓶頸，將會嚴重影響後工序的生產進度。

②平行工序瓶頸

平行工序瓶頸圖

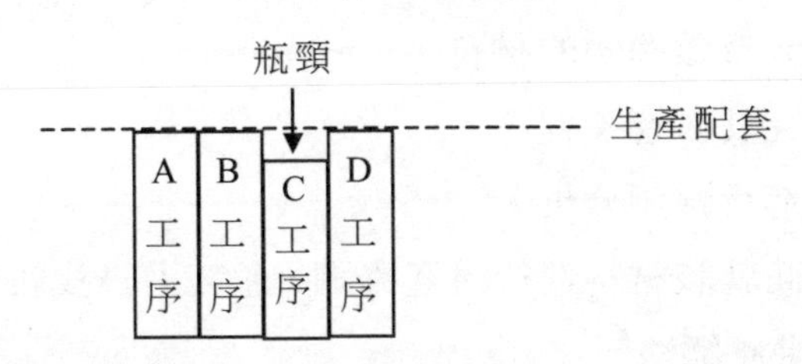

如果瓶頸工序與其他工序在產品生產過程中的地位是平行的，那麼，瓶頸問題將會影響產品配套。

⑵解決方法

解決生產進度瓶頸問題的具體步驟為：

①尋找進度瓶頸所處的位置點。

②分析研究該瓶頸對整體進度的影響及作用。

③確定該瓶頸對進度的影響程度。

④找出產生瓶頸的因素並進行具體分析。

⑤確定解決的時間，明確責任人，研究解決的具體辦法。

⑥實施解決辦法，並在生產過程中跟蹤。

⑦改進後對整體生產線再進行評估。

2.材料供應瓶頸

⑴什麼是材料供應瓶頸

材料供應不及時，會造成瓶頸或影響產品某一零件的生產，甚至影響產品最後的安裝與配套，也可能影響產品的總體進度，這主要看瓶頸材料在全部材料中所處的地位。

(2)解決方法

由於材料的供應工作存在著一定的週期性和時間性，因此須及早發現、及早預防並及早解決。

①尋找造成瓶頸問題的材料。

②分析研究其影響及程序。

③對材料進行歸類分析。

④與供應商就該材料進行溝通協調，並努力尋找新的供應商，從而建立可靠的供應網路。

⑤進行替代品研究，或要求客戶提供相關材料。

3.技術人員瓶頸

(1)產生原因

技術人員的短缺會影響生產進度，特別是特殊人才、技術人員或者是重要的設備操作員，一時缺失又不是一下子可以得到補充的，因此這一瓶頸也常常成為困擾生產進度的重要問題。

(2)解決方法

在生產空間允許的情況下，特別是實行計件工資的企業，應注意人員的充分配置，加強人員定編管理，確保各工序的生產能力，防止瓶頸的出現。

①找到人員或技術力量不足的工序或部門。

②分析這種情況所造成的影響。

③進行人員定編研究。

④確定人員的定編數量、結構組成。

⑤進行技術人員的培訓。

⑥積極招聘人員，及時補充人員缺失。

⑦平日應積極進行人員儲備。

4. 技術技術與產品品質問題瓶頸

⑴產生原因

在產品的生產過程中，特別是新產品的生產，總會遇到這樣或那樣的技術技術問題或難以解決的品質問題，這就出現了技術技術瓶頸與品質瓶頸。

⑵解決方法

①找到技術瓶頸的關鍵部位。

②研究討論尋找解決方案。

③進行方案實驗或批量試製。

④對於成功的技術方案，建立技術規範。

⑤制定品質檢驗標準和操作指導說明書。

⑥進行後期監督。

60 現場員工的作業激勵方案

一、制定宗旨

提高現場人員的積極性，營造團結、和諧、上進的現場氣氛，對現場人員實施公平的獎懲。

二、適用範圍

適用於現場所有員工。

三、具體規定

採用評分的方法，對員工的作業分項目進行評分，並對表現良好的員工進行獎勵，對表現較差的員工實施處罰。

1. 評價分數以 100 分為基數，根據獎懲標準，實行日常時時考評，以月為結算單位，考評分不保留到下一個月。

2. 考評結果與員工的崗位責任工資和崗位業績工資掛鈎，績效工資＝(崗位責任工資＋業績工資)×考評獎罰係數。考評獎罰係數＝月考核總分÷100－1.0。

3. 當員工月考評總分低於 75 分，下崗培訓一個月，培訓結束後的下一個月的月考核分仍未達到 75 分的，予以末位淘汰。

4. 日常業績考評表必須公開張貼於現場，以便員工監督。每次進行加、減分時，必須註明加分或減分的明細依據，否則視為無效分。若當日無加減分的可以不填。

四、獎勵細則

對員工的獎勵依據下表的相關規定進行。

表 60-1 獎勵細則

序號	項目	獎分標準(分/次)
1	對作業改善方面有良好提議的，實施後帶來較大的改善	1.0～3.0
2	工作積極，表現良好，認真完成生產任務	1.0～3.0
3	及時發現各項問題，減少企業損失	1.0～5.0
4	工作努力，超額完成各項任務	0.5～1.0
5	生產加工技術進步較快的人員	0.5～2.0
6	為按時完成任務主動加班且表現突出	0.5～2.0
7	為按時完成任務主動損失自己的工時	0.5～2.0
8	主動指導和幫助其他員工	0.5～2.0
9	產品品質為班組最優的	1.0
10	下工序作業人員及時發現上工序異常，同時得到及時處置的	0.5～3.0

五、處罰細則

對員工的處罰依據下表的相關規定進行。

表 60-2　處罰細則

序號	項目	扣分標準(分/次)
1	上班遲到、早退、曠工	1.0～2.0
2	因私事請假	0.5～1.0
3	未按要求做好作業的安全防護	1.0～2.0
4	離開工廠未通知當班組長，組長不知組員去向	1.0～3.0
5	未嚴格遵照作業各項標準要求操作的	1.0
6	不服從生產安排	1.0～2.0
7	作業記錄(包括 LOT 卡、各項點檢表)填寫不完整、不清楚或不填	1.0～3.0
8	因工作安排不當等自身原因而未能完成生產及工時失控的	2.0～4.0
9	因安排工作不當造成效率下降或停機	0.5～2.0
10	操作失誤，導致設備損壞	2.0～4.0

61 生產異常的因應對策

生產異常是指因訂單變更，交貨期變更(提前)及製造異常、機械故障等因素造成產品品質、數量、交貨期脫離原定計劃等現象。

生產異常在生產作業活動中是比較常見的，作為現場管理人員應及時掌握異常狀況，適當適時采取相應對策，以確保生產任務的完成，滿足客戶交貨期的要求。

一、生產異常產生原因及判定手段

1. 生產異常的產生原因

⑴計劃異常，因生產計劃臨時變更或安排失誤等導致的異常。

⑵物料異常，因物料供應不及時(斷料)、物料品質問題等導致的異常。

⑶設備異常，因設備、工裝不足等原因而導致的異常。

⑷品質異常，因制程中出現了品質問題而導致的異常，也稱制程異常。

⑸產品異常，因產品設計或其他技術問題而導致的異常，也稱機種異常。

2. 判定手段

⑴建立異常情況及時呈報機制，即在生產活動中，各部門、各單

位都有責任及時作出反應，且反應的管道要暢通。

⑵通過「生產進度跟蹤表」將生產實績與計劃產量對比以瞭解異常。

⑶設定異常水準以判斷是否異常。

⑷運用看板管理以迅速獲得異常信息。

⑸設計異常表單，如「生產異常報告單」「品質異常報告單」「物料異常分析表」，以利異常報告機制運作。

⑹會議討論，以使異常問題凸顯。

二、生產異常反應

生產異常反應的時機：

⑴訂單內容不明確或訂單內容變更應及時反應或修正。

⑵交貨期安排或排程異常應以聯絡單等及時反應給銷售或生產部門。

⑶生產指令變更（數量、日期等）應以生產變更通知單及時提出修正。

⑷生產中的異常已影響品質、產量或達成率時，應立即發出異常報告。

⑸其他異常，如故障、待料等，可能造成不良後果時，應立即發出生產異常報告。

三、處理生產異常

在發現現場的生產異常情形後，要在第一時間將其排除，並將處理結果向生產主管反映。

表 61-1　生產異常狀況排除

序號	異常情形	排除說明
1	生產計劃異常	⑴根據計劃調整，做出迅速合理的工作安排，保證生產效率，使總產量保持不變 ⑵安排因計劃調整而餘留的成品、半成品、原物料的盤點、入庫、清退等處理工作 ⑶安排因計劃調整而閒置的人員做前加工或原產品生產等工作 ⑷如計劃變更時，安排人員以最快速度準備變更後所需的物料、設備等
2	物料異常	⑴物料即將告缺前 30 分鐘，用警示燈、電話或書面形式將物料信息回饋給相關部門 ⑵物料告缺前 10 分鐘確認物料何時可以續上 ⑶如物料屬短暫斷料，可安排閒置人員做前加工、整理、整頓或其他零星工作 ⑷如物料斷料時間較長，要考慮將計劃變更，安排生產其他產品
3	設備異常	⑴發生設備異常時，立即通知技術人員協助排除 ⑵安排閒置人員做整理、整頓或前加工工作 ⑶如設備故障不易排除，需較長時間，應安排做其他的相關工作
4	制程品質異常	⑴異常發生時，迅速用警示燈、電話或其他方式通知品管部及相關部門 ⑵協助品管部、責任部門一起研討對策 ⑶配合臨時對策的實施，以確保生產任務的達成 ⑷對策實施前，可安排閒置人員做前加工或整理、整頓工作 ⑸異常確屬暫時無法排除時，應向上司反映，並考慮變更計劃
5	設計技術異常	⑴迅速通知工程技術人員前來解決 ⑵短時間難以解決的，向上司反映，並考慮變更計劃
6	水電異常	⑴迅速採取降低損失的措施 ⑵迅速通知行政後勤人員加以處理 ⑶人員可作其他工作安排

四、生產異常責任判定與對策

1. 判定各部門的責任

(1)開發部的責任

①未及時確認零件樣品。

②設計錯誤或疏忽。

③設計延遲或設計臨時變更。

④設計資料未及時完成。

(2)生產部的責任

①生產計劃日程安排錯誤。

②臨時變更生產安排。

③生產計劃變更未及時通知相關部門。

④未發製造命令。

(3)製造部的責任

①工作安排不當造成零件損壞。

②操作設備儀器不當造成故障。

③作業未按標準執行造成異常。

④效率低下，前工序生產不及時造成後工序停工。

⑤流程安排不順暢造成停工。

(4)技術部的責任

①技術流程或作業標準不合理。

②技術變更失誤。

③設備保養不力。

④設備產生故障後未及時修復。

⑤工裝夾具設計不合理。

2.對策

瞭解了生產異常發生的原因及判定責任後，應按照既定的工廠生產異常處理程序，責令責任部門作出處理。

表 61-2 生產異常報告單

生產批號		生產產品		異常發生單位	
發生日期		起訖時間	自時分至時分		
異常描述			異常數量		
停工人數		影響度		異常工時`	
緊急對策					
填表單位	主管：	審核：	填表：		
責任單位分析對策					
責任單位	主管：	審核：	填表：		
會簽					

62 生產現場的安全管理作法

安全管理，是一個年年講，天天講，但在很多企業仍然是一個令人十分頭痛的問題。要想構築安全預防體系，只有採用制度約束，預防監督，懲戒教育，親情感動等多種多樣的方式，形成一個系統，才能產生最大的效果。

安全管理系統化示意圖

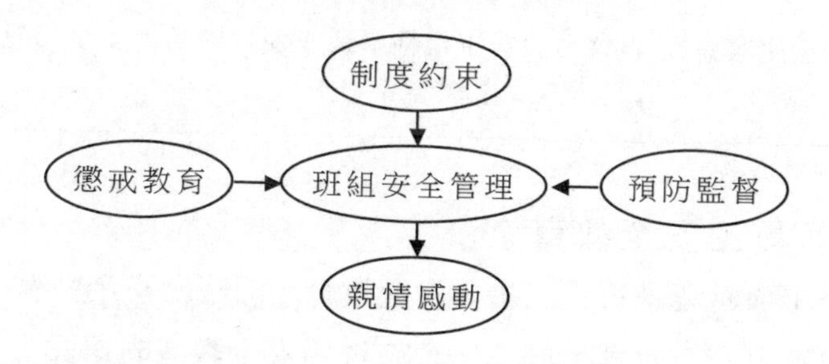

一、進行安全教育

大多數安全事故都是由於人員缺乏相應的安全意識與知識而導致的，所以現場的安全教育是安全管理必不可少的內容。

1. 安全教育方法

現場的安全教育必須月月講、日日做，所以在生產現場要採取各種形象、有效的方法，對員工進行教育。

安全教育方法表

序號	方法	操作要點
1	安全看板	⑴將各種安全知識以圖文並茂的形式展示在看板上 ⑵展示各種安全事故，以反面教材的形式進行教育
2	安全標誌	根據實際需要，製作各種安全標誌，如「嚴禁煙火」、「高壓危險」等
3	安全宣傳資料	⑴定期發放各種安全雜誌、簡報等，對安全作業、事故預防等進行說明 ⑵使用安全手冊，將安全知識以通俗易懂的文字、圖片展示
4	安全座談會	定期針對安全規則、事故狀況、保護措施等問題舉行座談會，使員工積極參與，並反映各種安全意見和改進措施

2. 新員工安全教育

新員工通常要進行「三級」安全教育，即廠級安全教育、現場安全教育和班組安全教育。以下是實施現場安全教育的重點。

⑴現場生產作業性質和主要技術流程。

⑵現場預防工傷事故和職業病的主要措施。

⑶現場的危險源及其注意事項。

⑷現場安全生產的一般情況及其注意事項。

⑸典型事故案例。

3. 特種作業人員安全教育

特種作業主要包括各種有重大危害的作業，如電工作業、金屬焊接切割作業、鍋爐作業等。根據相關規定，作業人員必須經過培訓考核合格後才能上崗作業。在上崗後，要加強對其進行安全教育和安全監督，並定期檢查其操作技能，根據生產需要進行在崗教育培訓。

二、多管齊下，促某項工作取得突破。

安全管理說起來容易、做起來難，難就難在長期堅持，因為人是很容易懈怠的。單憑某一個方面做得好不可能消除班組安全管理中的問題，必須通過系統作用的方式才能取得成效。

在安全管理工作中，要做好很多細節工作。例如：

⑴班組安全標語

安全標語在生產現場的合理使用可以對員工具有警示、鼓動、激勵的作用。

生產安全管理的「嚴」、「細」、「實」

嚴	根據公司的各項規章制度，制定出安全管理規則(包括：年奮鬥目標、任務和要求、保證措施)。消除無章可守、無法可依的混亂現象。 執行一法三卡，制定關鍵環節、關鍵部門的提示卡、信息卡、警示卡，張貼在作業現場，使員工熟知安全操作規程，健全日常安全活動記錄、安全教育台賬、違章制度考核台賬、隱患整改台賬等，保證安全管理制度的落實。
細	在工作中應注意觀察員工的工作幹勁、情緒，從職工情緒波動中發現可能誘發的不安全因素。例如：一位員工上班哈欠連天，無精打采，經瞭解，原來他和朋友玩了一通宵，為防止發生意外，要立即停止他的工作。總之防微才能杜漸，防範多一分，事故傷害就少一分。
實	「實」就是實實在在地提高員工安全生產素質。通過現場的「事故預想」、「考問講解」、「運行分析」、「反事故演習」等行之有效的培訓手段，提升員工的安全生產能力。

安全標語的顏色：紅、黃、綠。因這幾種顏色醒目，能夠給人以警覺。安全標語的形式：小卡片、小標語、條幅、小冊子、張貼畫等。

安全標語的使用方式：可以把安全標語懸掛在工作臺旁，掛在牆上，進入生產現場的門前，也可以印在班組員工所使用的工具上、日用品上，以達到時時提醒的目的。

安全標語的內容：班組安全標語的內容要通俗易懂、親情化、人性化。

(2)班組「事故預想」

事故預想就是預先針對性地設想好特定事故發生時，員工應如何快速反應，是防範事故的一項有力措施。

班組事故預想流程

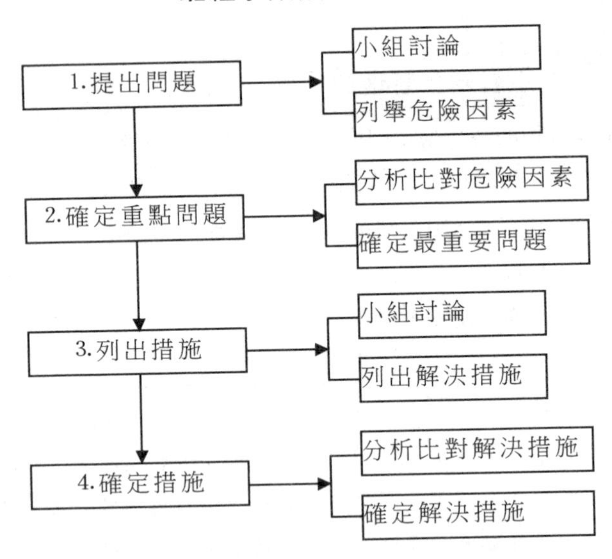

班組事故預想步驟：

提出問題→確定問題→列出措施→確定措施

提出問題

步驟	危險因素
提出問題	刀具、工件未控牢，加工時甩出傷人
	戴手套、留長髮、穿寬鬆衣褲絞傷
	常時期加工，機器發熱損壞
	切屑飛出傷人

確定重點問題

步驟	危險因素	重要程度
確定重點問題	刀具、工件未控牢，加工時甩出傷人	B
	戴手套、留長髮、穿寬鬆衣褲絞傷	A
	常時期加工，機器發熱損壞	C
	切屑飛出傷人	D

列出措施，確定措施

步驟	危險因素	列出措施	確定措施
列出措施 確定措施	戴手套、留長髮、穿寬鬆衣褲絞傷	1.	1.
		2.	2.
		3.	

⑶工作崗位安全警示卡、有毒有害化學物質信息卡

工廠應該把比較關鍵的危險點和相關應急辦法，製作成安全警示卡掛在現場，以幫助應對班組安全事故。

要對有毒有害物質進行鑑別，掌握其特性並製作成有毒有害化學物質信息卡懸掛在工作現場，以提醒員工。

工作崗位安全警示卡

工作崗位名稱：	
可能發生的事故類型	1 2
事故危害	1 2
解決措施	1 2

⑷班組安全檢查

班組中的安全檢查主要有兩類：

①日常檢查

指安全技術人員、班組長及員工在日常生產中，隨時隨地進行的安全檢查。主要包括：巡廻檢查、崗位檢查、日查、週查等。

②專業性的檢查

指班組長會同技術人員用儀器和其他檢測手段重點對某項專業工作進行的檢查。目的是瞭解設備的可靠程度、維護管理狀況、崗位人員的安全技術素質等。例如：對鍋爐及壓力容器的安全檢查、特殊電器的安全檢查等。

生產主管應把整改意見落實到責任員工，並在規定的日期內檢查整改情況。

為了落實責任制，要做好相關的統計工作，安全管理最好是把事故消除在萌芽狀態，防患於未然，所以班組要做好事故隱患的登記排查工作。

事故隱患登記表

<table>
<tr><th>序號</th><th colspan="6">班組：　　　　　　　　年　　月</th></tr>
<tr><td rowspan="8"></td><td>發現時間</td><td>年 月 日 時 分</td><td>報告人</td><td></td><td>接報人</td><td></td></tr>
<tr><td>接報時間</td><td>年 月 日 時 分</td><td>控制措施</td><td colspan="3"></td></tr>
<tr><td colspan="2" rowspan="5">危險簡要描述：</td><td colspan="2">措施內容</td><td colspan="2">完成情況和效果評估</td></tr>
<tr><td colspan="2"></td><td colspan="2"></td></tr>
<tr><td colspan="2"></td><td colspan="2"></td></tr>
<tr><td colspan="2"></td><td colspan="2"></td></tr>
<tr><td colspan="2"></td><td colspan="2"></td></tr>
<tr><td colspan="2">名稱</td><td colspan="2"></td><td colspan="2"></td></tr>
</table>

人員事故登記表

<table>
<tr><th rowspan="2">傷害人
姓　名</th><th rowspan="2">傷害情況</th><th rowspan="2">性別</th><th rowspan="2">年齡</th><th rowspan="2">工種</th><th rowspan="2">工齡</th><th rowspan="2">安全教育情況</th><th rowspan="2">歇工
日數</th><th colspan="2">損失</th></tr>
<tr><th>直接</th><th>間接</th></tr>
<tr><td></td><td></td><td></td><td></td><td></td><td></td><td></td><td></td><td></td><td></td></tr>
<tr><td></td><td></td><td></td><td></td><td></td><td></td><td></td><td></td><td></td><td></td></tr>
<tr><td></td><td></td><td></td><td></td><td></td><td></td><td></td><td></td><td></td><td></td></tr>
<tr><td></td><td></td><td></td><td></td><td></td><td></td><td></td><td></td><td></td><td></td></tr>
<tr><td colspan="10">事故經過和原因：</td></tr>
<tr><td colspan="10">預防事故重覆發生的措施：</td></tr>
<tr><td colspan="10">落實措施責任人：</td></tr>
</table>

班組還應做好安全考核工作，針對安全工作的考核時間、人員安排，如何與班組員工的收入配套掛鈎等都要有預先計劃。

班組安全考核登記表

考核期間	考核對象	考核結果	考核人	獎罰	備註

⑸進行安全教育

安全教育方法

序號	方法	操作要點
1	安全看板	⑴將各種安全知識以圖文並茂的形式展示在看板上 ⑵展示各種安全事故，以反面教材的形式進行教育
2	安全標誌	根據實際需要，製作各種安全標誌，如「嚴禁煙火」、「高壓危險」等
3	安全宣傳資料	⑴定期發放各種安全雜誌、簡報等，對安全作業、事故預防等進行說明 ⑵使用安全手冊，將安全知識以通俗易懂的文字、圖片展示
4	安全座談會	定期針對安全規則、事故狀況、保護措施等問題舉行座談會，使員工積極參與，並反映各種安全意見和改進措施

在生產現場中，存在著許多的不安全因素，如果不按照安全要求進行管理，這些因素可能造成事故，所以必須重視並做好現場的安全管理，打造一個安全的生產現場。

特種作業主要包括各種有重大危害的作業，如電工作業、金屬焊接切割作業、鍋爐作業等。根據相關規定，作業人員必須經過培訓考核合格後才能上崗作業。在上崗後，要加強對其進行安全教育和安全監督，並定期檢查其操作技能，根據生產需要進行在崗教育培訓。

大多數安全事故都是由於人員缺乏相應的安全意識與知識而導致的，所以現場的安全教育是安全管理必不可少的內容。

現場的安全教育必須月月講、日日做，所以在生產現場要採取各種形象、有效的方法，對員工進行教育。

新員工通常要進行「三級」安全教育，即廠級安全教育、現場安全教育和班組安全教育。

⑴現場生產作業性質和主要技術流程。

⑵現場預防工傷事故和職業病的主要措施。

⑶現場的危險源及其注意事項。

⑷現場安全生產的一般情況及其注意事項。

⑸典型事故案例。

三、如何實施作業安全管理

要營造一個安全的作業現場，必須對人員的具體作業進行監督，以使其操作符合安全規定。

1. 作業監督

在作業場所之內，如果不嚴格遵守相關的作業標準和規範，很容易導致事故的發生。所以必須對現場作業進行監督，具體要點如下。

⑴重點對事故多發部位進行監督，查看作業人員是否執行操作規程。

⑵留意新員工是否進行安全作業。

2.危險作業的安全管理

對於高溫、焊接、切割等危險作業，要重點留意，並做好相應的安全管理。

危險作業的安全管理表

序號	作業類別	管理要點
1	高溫作業	⑴使用安全標誌，禁止無關人員進入 ⑵對作業現場的溫度進行監測，並做好人員的高溫防暑防護
2	有毒、有害作業	⑴張貼警告標誌，並配置和正確使用有效的勞保用品 ⑵培訓作業人員，並做好相關的安全防護
3	密閉區間作業	⑴必須對密閉空間進行標示，以免員工誤入 ⑵作業前必須使用設備對密閉空間進行檢測，確定安全後才能作業 ⑶至少安排兩人以上，其中一人在外面負責監察安全和報告異常
4	危險區動火作業	⑴必須經過上司批准同意，並做好防護後才能作業 ⑵配備必要的消防設施，如滅火器
5	靜電作業	⑴各種設備應接地，並確保接地線截面面積夠大 ⑵鋪防靜電地板，儘量使用無靜電材料 ⑶作業時應系靜電手帶，穿防靜電服

四、做好消防安全管理

消防安全是現場安全管理的重點，各種消防設施必須配備齊全，並定期檢查，更換過期、失效的設施。

1. 配備消防設施

在生產現場，必須配備以下幾種消防設施。

⑴滅火器。

⑵消火栓。

⑶各種應急燈、出口指示燈、防爆燈、自動噴淋管等。

2. 繪製緊急逃生圖

現場必須繪製緊急逃生圖即走火通道示意圖，將各安全通道方向標明，以便出現火災事故時能及時疏散人員。

3. 檢查消防設施

各種消防設施要定期檢查，以查看其是否有效。

4. 更換過期設施

對於檢查中發現的各種失效、過期、損壞的消防設施，要更換最新、有效的設施。

五、如何預防事故

事故預防重於解決，在進行安全管理時，必須從源頭做起，消除潛在的事故隱患。

1. 提高安全意識

提高安全意識可以從以下幾方面著手進行。

⑴持續進行安全教育，提高作業人員對安全的認識。

⑵積極推廣和採用先進的現代安全技術。

⑶做好安全檢查，消滅事故萌芽。

2.預防操作者人為失誤

操作者由於精力不集中、疲憊工作等原因出現各種作業失誤，直接導致了安全事故的發生。所以必須從以下事項預防各種人為失誤。

⑴預防注意力不集中，在重要位置安裝引起注意的設備、提供愉快的工作環境以及在各步驟之間避免中斷等。

⑵預防疲勞，採取排除或減少難受的姿勢、集中注意的連續時間及過重的心理負擔等措施。

⑶通過聽覺或視覺的手段幫助操作者注意某些問題，以避免漏掉某些重要跡象。同時，通過使用這些特定的控制設備可以避免某些不準確的控制裝置所造成的問題。

⑷為了避免在不正確的時刻開啟控制器，在某些關鍵序列的交接處提供補救性措施。同時，應保證功能控制器安放在適當的位置，以便它們的使用。

⑸為預防誤讀儀錶，有必要根除清晰度方面的問題，以及避免作業者移動身體和儀錶位置不當等。

⑹使用雜訊消減設備及振動隔離器可有效克服因雜訊和振動造成的操作失誤。

⑺綜合使用各種手段保證各儀器發揮適當功能，並提供一定的測驗及標準程序，諸如未對出錯儀錶作出及時反應等人為失誤便可克服。

⑻避免太久、太慢或太快等程序的出現，便可以預防操作者未能按規定程序進行操作的失誤。

⑼因干擾問題不能正確理解指導時，可以通過隔離操作者和雜訊等或排除干擾源便可克服這種人為失誤。

安全檢查表

檢查時間：　　　　　　　　　　　　　　檢查人：

序號	檢查內容	檢查結果		備註
		是√	否×	
1	工廠中有毒氣體濃度是否經常檢測，是否超過最大允許濃度；工廠中是否備有緊急沐浴、沖眼等衛生設施			
2	各種管線(蒸汽、水、空氣、電線)及其支架等，是否妨礙工作地點的通路			
3	對有害氣體、蒸氣、粉塵和熱氣的通風換氣情況是否良好			
4	原材料的臨時堆放場所及成品和半成品的堆放是否超過規定的要求			
5	工廠通道是否暢通，避難道路是否通向安全地點			
6	對有火災爆炸危險的工作是否採取隔離操作，隔離牆是否為加強牆壁；窗戶是否做得最小；玻璃是否採用不碎玻璃或內嵌鐵絲網；屋頂必要地點是否準備了爆炸壓力排放口			
7	進行設備維修時，是否準備有必要的工作空間			
8	在容器內部進行清掃和檢修時，遇到危險情況，檢修人員是否能從出入口逃出			
9	熱輻射表面是否進行防護			

續表

序號	檢查內容	檢查結果		備註
		是√	否×	
10	傳動裝置是否裝有安全防護罩或其他防護措施			
11	通道和工作地點、頭頂與天花板是否留有適當的空間			
12	用人力操作的閥門、開關或手柄，在操縱機器時是否安全			
13	電動升降機是否有安全鉤和行程限制器，電梯是否裝有內部連鎖			
14	是否採用了機械代替人力搬運			
15	危險性的工作場所是否保證至少有兩個出口			
16	雜訊大的操作是否有防止雜訊措施			
17	是否裝有電源切斷開關以切斷電源			
……				

自我檢查要點

序號	檢查要點	是√否×	改進
1	我會不定期地對現場人員進行安全教育		
2	所有的機器設備都安裝上了防護欄，並設置異常報警系統		
3	每個人都發放了必需的安全防護用品		
4	定期對現場安全進行檢查，並做好相關記錄		
5	現場配置的各種消防設施都是完好、有效的		
6	是否制定現場應急預案，並讓員工都知道瞭解		
7	出現工傷事故時，我會迅速趕到生產現場，並查看現場的事故狀況		
8	對出現的事故，我都會進行調查，並進行分析，製作成具體報告		

63 改善生產現場的作業環境

現場環境的管理就是要確保有一個乾淨、整潔、有序的作業環境，保證生產任務能迅速、正確完成，又能保證作業人員的健康，達到和諧生產的目的。

作業現場佈置的好壞直接影響人員的作業效率，甚至影響現場的安全。所以現場管理者要從影響作業的各種因素出發，做好作業環境的佈置。

1. 合理照明

合理照明是創造良好作業環境的重要措施。如果照明安排不合理或亮度不夠，會造成操作者視力減退，產品品質下降等嚴重後果。所以在生產現場要確定合適的光照度，具體的要點如下。

⑴採用天然光照明時，不允許太陽光直接照射工作空間。

⑵採用人工照明時，不得干擾光電保護裝置，並應防止產生頻閃效應。除安全燈和指示燈外，不應採用有色光源照明。

⑶在室內照度不足的情況下，應採用局部照明。照明光源的色調，應與整體光源相一致。

⑷與採光的照明無關的發光體(如電弧焊、氣焊光及燃燒火焰等)不得直接或經反射進入操作者的視野。

⑸需要在機械基礎內工作(如檢修等)時，應裝設照明裝置。

各種照明器具必須安全使用，一旦發現有異常應及時維修或更換。此外，為提高照明亮度，照明器具要經常擦洗，保持清潔。

2.加強通風

加強通風是控制作業場所內污染源傳播、擴散的有效手段。經常採用的通風方式有局部排風和全面通風換氣。

(1)局部排風，即在不能密封的有害物質發生源近旁設置吸風罩，將有害物質從發生源處直接抽走，以保持作業場所的清潔。

(2)全面通風換氣，即利用新鮮空氣置換作業場所內的空氣，以保持空氣清新。

3.擺放好設備

各種機器設備是作業的重要工具，由於其佔據區域較大，所以必須要合理佈局，並擺放好。具體的操作要點如下。

(1)技術設備的平面佈置，除滿足技術要求外，還需要符合安全和衛生規定。

(2)有害物質的發生源，應佈置在機械通風或自然通風的下風側。

(3)產生強烈雜訊的設備(如通風設備、清理滾筒等)，如不能採取措施減噪時，應將其佈置在離主要生產區較遠的地方。

(4)佈置大型機器設備時，應留有寬敞的通道和充足的出料空間，並應考慮操作時材料的擺放。

(5)各種加工設備要保持一定的安全距離，既保證操作人員具有一定的作業空間，又避免因設備間距過小而產生安全隱患。

4.改善工作地面

工作地面即作業場所的地面，在進行現場佈置時，必須保證地面整潔、防滑，具體的改善要點如下。

(1)工作地面(包括通道)必須平整，並經常保持整潔。地面必須堅固，能承受規定的荷重。

⑵工作附近的地面上，不允許存放與生產無關的障礙物，不允許有黃油、油液和水存在。經常有液體的地面，不應滲水，並設置排洩系統。

⑶機械基礎應有液體貯存器，以收集由管路洩漏的液體。貯存器可以專門製作，也可以與基礎底部連成一體，形成坑或槽。貯存器底部應有一定坡度，以便排除廢液。

⑷工作地面必須防滑。機械基礎或地坑的蓋板，必須是花紋鋼板，或在平地板上焊以防滑筋。

5. 注意人機配合

人是現場作業的主導，所以在現場佈置中，不僅要將各種機器設備佈置好，還應注意人、機結合，充分提高效率。

具體在實施人機配合時，應做好以下工作。

⑴工位結構和各部份組成應符合人機工程學、生理學的要求和工作特點。

⑵要使操作人員舒適地坐或立，或坐立交替在機械設備旁進行操作，但不允許剪切機操作者坐著工作。

⑶合理安排人員輪班，保證作業人員得到充分的休息。

64 現場改善提案制度

第 1 章　總則

第 1 條　目的

為激發全體員工的工作士氣，積累並推廣員工的智慧，不斷提出對工作改善的建議與方法，促進全員參與改善，提高改善意識，從而降低成本，提高生產現場的管理水準，特制定本制度。

第 2 條　範圍

本制度適用於對現場改善提案的管理等相關事項。

第 2 章　改善提案委員會組織結構與職能

第 3 條　改善提案委員會組織結構如下圖所示。

改善提案委員會組織結構圖

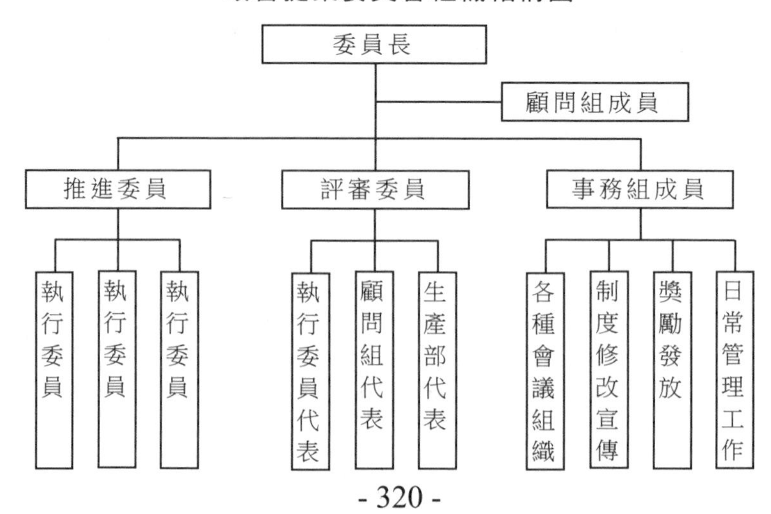

第 4 條　改善提案委員會職責劃分如下表所示。

改善提案委員會職責劃分表

改善提案委員會成員	職責
委員長	1. 指導改善提案體制的方針、年度計劃與目標 2. 跟蹤改善提案體制的實施情況和成果 3. 任命相關人員，審定獎勵成果及活動經費　協調各職能部門的工作
推進委員	1. 負責與提案者的日常聯絡、提案跟蹤與指導 2. 負責提案的初審及推廣工作 3. 負責各提案實施效果的跟蹤、確認與評估工作 4. 定期參加改善提案的相關會議 5. 負責培訓、指導本單位員工的問題意識、改善意識
評審委員	1. 定期參加提案評審工作 2. 在評審過程中必須做到公平、公正　定期參加改善提案的相關會議
事務局成員	1. 各種會議的組織 2. 改善提案的宣傳工作，改善提案的整理、存檔等工作 3. 改善提案活動實施的總結，相關制度的制定與完善 4. 改善提案活動經費管理，獎勵活動的組織與主持

第 3 章　改善提案的提出

第 5 條　提案範圍具體要求

1. 改善提案受理範圍

(1)管理體制，有利於企業文化建設、現場管理以及提高團隊士氣等的合理化建議或方案。

⑵品質改善，降低不良損失額、提高產品一次合格率等方面的提案。

⑶降低成本，有利於效率提升、作業方法改善、技術流程改善、工裝夾具或設備改善、物流改善、佈局改善、降低消耗品使用量及其他成本降低方法的提案。

⑷生產技術，有關生產方式改善與變革的方法和建議，新生產技術的建議、實施方案等提案。

⑸有關安全生產、生產環境改善、5S 改善的提案。

2. 不受理範圍

非建設性的批評、抱怨、涉及人身攻擊的內容，以及無具體改善內容或內容重覆的提案等將不予受理。

第 6 條 改善提案內容與現行的作業標準、加工標準有衝突時，應先經相關人員確認，列出臨時標準後實施，實施達到預期效果後修改現行標準。

第 7 條 生產現場所有人員均可提出提案，提案者可為個人或團體，團體提案應設組長。

第 8 條 提案提出後，工廠主任應對是否可以直接申報提案做出判斷，未實施確認的項目應在工廠內實施後填表申報。

第 9 條 工廠主任確認後，應指導提案人填寫「改善提案專用表」(如下表所示)，並將本工廠的提案匯總，交改善提案委員會事務局進行初審。

改善提案專用表

編號：　　　　　　　　　　　　頁次：第　頁/共　頁

<table>
<tr><td>工號</td><td></td><td>姓名</td><td colspan="2"></td><td>提案日</td><td></td><td>受案日</td><td></td></tr>
<tr><td rowspan="2">工廠
主任印</td><td rowspan="2">提案者
印</td><td rowspan="2">職位
描述</td><td>1</td><td colspan="2">工廠主任及以上人員</td><td>3</td><td colspan="2">指導員、班組長</td></tr>
<tr><td>2</td><td colspan="2">職員、技術員</td><td>4</td><td colspan="2">作業員、修機檢查員</td></tr>
<tr><td colspan="3">提案名稱</td><td colspan="6"></td></tr>
<tr><td colspan="3">改善前描述</td><td colspan="6"></td></tr>
<tr><td colspan="3">改善過程描述</td><td colspan="6"></td></tr>
<tr><td colspan="3">改善後效果描述</td><td colspan="6"></td></tr>
<tr><td colspan="3">實際改善效果</td><td colspan="4"></td><td colspan="2">確認印</td></tr>
</table>

序號	評價項目	初審得分	復審得分	綜合得分
1	創新度（0～25 分）			
2	可實施性（0～20 分）			
3	實施效果（0～35 分）			
4	推廣性（0～20 分）			

<table>
<tr><td>評價
等級</td><td>優秀</td><td>良好</td><td>一般</td><td>鼓勵</td><td>最終得分</td><td></td></tr>
<tr><td>終審
簡評</td><td colspan="4"></td><td>獎勵情況</td><td></td></tr>
<tr><td>備註</td><td colspan="6">1. 團體提案，在提案者中填寫組長，其他成員另外附上
2. 最終得分＝初審評分×0.4+復審評審×0.6</td></tr>
</table>

第 4 章　改善提案處理

第 10 條　改善提案處理程序如下表所示。

改善提案處理流程表

受理步驟	日程	負責
個人或班組提出改善提案	當月	提案者
提交改善提案	次月 2 日前	工廠主任
初審	次月 5 日前	推進委員
復審	次月 10 日前	評審委員
評審結果公佈	次月 10 日	事務局
提案採用實施	次月 10 日後	推進委員
備案存檔	次月 10 日	事務組
頒發獎勵	次月 15 日前頒發改善提案獎 於年度大會頒發其他獎項	事務組
維護並持續改善	視具體情況而定	全員

第 11 條　提案評審實施要求

1. 為營造各工廠內公平、合理的競爭環境，各級評審擔當者及改善者本人(或團體)應保持一定的素養，對改善提案的評審必須遵循公平、公開、公正的原則。

2. 團體提案以主導人員(以組長負責)為主體進行評審。

3. 改善提案的評審由改善提案委員會根據「改善提案評審類別表」(如下表所示)進行分類匯總，然後按各類別進行評定，「改善提案評審類別表」是為了體現全員統一，按改善提案提出者的工作業務內容及工作範圍劃分而製成的。

4. 提案評審工作從以下四個方面進行，具體評定標準如下表所示。

改善提案評分標準表

序號	評價指標	評分標準		評分
1	創新度（25 分）	模仿	本期提出	0～5 分
			在此之前有類似的方法或制度	
		應用	本期提出	0～5 分
			對本職工作沒做到位，進行更正的提案	5～10 分
			在此之前沒有類似的方案、提案或制度	10～15 分
		創新	在應用條件的基礎上	15～20 分
			能更高層次考慮問題(即超出本職工作範圍)	
			改善提案對改革的促進有非常大的作用	20～25 分
2	可實施性（20 分）	困難	就目前的條件或即使有其他方面的支援、投資，提案都無法實施	5～10 分
		可實施	透過一些其他方面支援或投資即可實施	10～15 分
		易實施	不需任何投資或支援即可實施	15～20 分
3	實施效果（35 分）	一般	提案已實施，但收益很小	0～10 分
		顯著	節省費用在 0.5 萬～1 萬元	10～25 分
			效率、合格率提升 10%～20%	
			直行率提升 5%～10%	
		效益巨大	節省費用在 1 萬元以上	25～35 分
			效率、合格率提升 20%以上	
			執行率提升 10%以上	
4	推廣性（20 分）	無	只限於本工位、本班組	0～5 分
		一般	可在本工位推行	5～15 分
			可在本工廠內推行	
			可推廣到其他部門	
		極廣	可本部門內推行	15～20 分
			可作為標準化文件	
			可在整個事業部內全面推行	

第 12 條　各實施部門應認真執行改善提案，每月填具「成果報告表」呈直屬主管核定後，轉呈改善提案委員會。經三個月的考核並評分後，改善提案委員會依據「成果報告表」及評分表作審查核定。

第 5 章　改善提案的獎勵

第 13 條　改善提案根據提案者的工作內容實行分類表彰和獎勵。根據評審分數確定改善提案的等級，優秀提案將獲得部門表彰和獎勵。

第 14 條　獎項設置如下表所示。

改善提案獎項設置

獎項	獎勵標準
改善提案獎	1. 為採用者頒發 800 元提案獎金 2. 給予未採用者 480 元參與獎金
成果獎勵	依提案改善成果評分表，可核發 800～1200 元的獎金
追加獎勵	提案實施後，經定期追蹤效益，成果顯著、績效卓越者，由委員會核計實際效益後，報請核發 2500～12000 元追加獎金
團體特別獎	以團隊為單位，六個月內，每人平均被採用四件提案以上者，向團隊前三名頒發 300～700 元獎金

第 6 章　附則

第 15 條　提案內容如涉及專利法者，其權益屬本工廠所有。

第 16 條　本制度呈總經理核定後公佈實施，修改時亦同。

152	向西點軍校學管理	360 元
154	領導你的成功團隊	360 元
163	只為成功找方法，不為失敗找藉口	360 元
167	網路商店管理手冊	360 元
168	生氣不如爭氣	360 元
170	模仿就能成功	350 元
176	每天進步一點點	350 元
181	速度是贏利關鍵	360 元
183	如何識別人才	360 元
184	找方法解決問題	360 元
185	不景氣時期，如何降低成本	360 元
186	營業管理疑難雜症與對策	360 元
187	廠商掌握零售賣場的竅門	360 元
188	推銷之神傳世技巧	360 元
189	企業經營案例解析	360 元
191	豐田汽車管理模式	360 元
192	企業執行力（技巧篇）	360 元
193	領導魅力	360 元
198	銷售說服技巧	360 元
199	促銷工具疑難雜症與對策	360 元
200	如何推動目標管理（第三版）	390 元
201	網路行銷技巧	360 元
204	客戶服務部工作流程	360 元
206	如何鞏固客戶（增訂二版）	360 元
208	經濟大崩潰	360 元
215	行銷計劃書的撰寫與執行	360 元
216	內部控制實務與案例	360 元
217	透視財務分析內幕	360 元
219	總經理如何管理公司	360 元
222	確保新產品銷售成功	360 元
223	品牌成功關鍵步驟	360 元
224	客戶服務部門績效量化指標	360 元
226	商業網站成功密碼	360 元
228	經營分析	360 元
229	產品經理手冊	360 元
230	診斷改善你的企業	360 元
232	電子郵件成功技巧	360 元
234	銷售通路管理實務〈增訂二版〉	360 元
235	求職面試一定成功	360 元
236	客戶管理操作實務〈增訂二版〉	360 元
237	總經理如何領導成功團隊	360 元
238	總經理如何熟悉財務控制	360 元
239	總經理如何靈活調動資金	360 元
240	有趣的生活經濟學	360 元
241	業務員經營轄區市場（增訂二版）	360 元
242	搜索引擎行銷	360 元
243	如何推動利潤中心制度（增訂二版）	360 元
244	經營智慧	360 元
245	企業危機應對實戰技巧	360 元
246	行銷總監工作指引	360 元
247	行銷總監實戰案例	360 元
248	企業戰略執行手冊	360 元
249	大客戶搖錢樹	360 元
252	營業管理實務（增訂二版）	360 元
253	銷售部門績效考核量化指標	360 元
254	員工招聘操作手冊	360 元
256	有效溝通技巧	360 元
258	如何處理員工離職問題	360 元
259	提高工作效率	360 元
261	員工招聘性向測試方法	360 元
262	解決問題	360 元
263	微利時代制勝法寶	360 元
264	如何拿到 VC（風險投資）的錢	360 元
267	促銷管理實務〈增訂五版〉	360 元
268	顧客情報管理技巧	360 元
269	如何改善企業組織績效〈增訂二版〉	360 元
270	低調才是大智慧	360 元
272	主管必備的授權技巧	360 元
275	主管如何激勵部屬	360 元
276	輕鬆擁有幽默口才	360 元
278	面試主考官工作實務	360 元
279	總經理重點工作（增訂二版）	360 元
282	如何提高市場佔有率（增訂二版）	360 元

284	時間管理手冊	360 元
285	人事經理操作手冊（增訂二版）	360 元
286	贏得競爭優勢的模仿戰略	360 元
287	電話推銷培訓教材（增訂三版）	360 元
288	贏在細節管理（增訂二版）	360 元
289	企業識別系統 CIS（增訂二版）	360 元
290	部門主管手冊（增訂五版）	360 元
291	財務查帳技巧（增訂二版）	360 元
293	業務員疑難雜症與對策（增訂二版）	360 元
295	哈佛領導力課程	360 元
296	如何診斷企業財務狀況	360 元
297	營業部轄區管理規範工具書	360 元
298	售後服務手冊	360 元
299	業績倍增的銷售技巧	400 元
300	行政部流程規範化管理（增訂二版）	400 元
302	行銷部流程規範化管理（增訂二版）	400 元
304	生產部流程規範化管理（增訂二版）	400 元
305	績效考核手冊(增訂二版)	400 元
307	招聘作業規範手冊	420 元
308	喬・吉拉德銷售智慧	400 元
309	商品鋪貨規範工具書	400 元
310	企業併購案例精華(增訂二版)	420 元
311	客戶抱怨手冊	400 元
314	客戶拒絕就是銷售成功的開始	400 元
315	如何選人、育人、用人、留人、辭人	400 元
316	危機管理案例精華	400 元
317	節約的都是利潤	400 元
318	企業盈利模式	400 元
319	應收帳款的管理與催收	420 元
320	總經理手冊	420 元
321	新產品銷售一定成功	420 元
322	銷售獎勵辦法	420 元
323	財務主管工作手冊	420 元
324	降低人力成本	420 元
325	企業如何制度化	420 元
326	終端零售店管理手冊	420 元
327	客戶管理應用技巧	420 元
328	如何撰寫商業計畫書（增訂二版）	420 元
329	利潤中心制度運作技巧	420 元
330	企業要注重現金流	420 元
331	經銷商管理實務	450 元
332	內部控制規範手冊（增訂二版）	420 元
333	人力資源部流程規範化管理（增訂五版）	420 元
334	各部門年度計劃工作（增訂三版）	420 元
335	人力資源部官司案件大公開	420 元
336	高效率的會議技巧	420 元
337	企業經營計劃〈增訂三版〉	420 元
338	商業簡報技巧（增訂二版）	420 元
339	企業診斷實務	450 元
340	總務部門重點工作（增訂四版）	450 元
341	從招聘到離職	450 元
342	職位說明書撰寫實務	450 元
343	財務部流程規範化管理（增訂三版）	450 元
344	營業管理手冊	450 元
345	推銷技巧實務	450 元

《商店叢書》

18	店員推銷技巧	360 元
30	特許連鎖業經營技巧	360 元
35	商店標準操作流程	360 元
36	商店導購口才專業培訓	360 元
37	速食店操作手冊〈增訂二版〉	360 元
38	網路商店創業手冊〈增訂二版〉	360 元
40	商店診斷實務	360 元
41	店鋪商品管理手冊	360 元
42	店員操作手冊（增訂三版）	360 元

44	店長如何提升業績〈增訂二版〉	360 元
45	向肯德基學習連鎖經營〈增訂二版〉	360 元
47	賣場如何經營會員制俱樂部	360 元
48	賣場銷量神奇交叉分析	360 元
49	商場促銷法寶	360 元
53	餐飲業工作規範	360 元
54	有效的店員銷售技巧	360 元
56	開一家穩賺不賠的網路商店	360 元
58	商鋪業績提升技巧	360 元
59	店員工作規範（增訂二版）	400 元
61	架設強大的連鎖總部	400 元
62	餐飲業經營技巧	400 元
64	賣場管理督導手冊	420 元
65	連鎖店督導師手冊（增訂二版）	420 元
67	店長數據化管理技巧	420 元
69	連鎖業商品開發與物流配送	420 元
70	連鎖業加盟招商與培訓作法	420 元
71	金牌店員內部培訓手冊	420 元
72	如何撰寫連鎖業營運手冊〈增訂三版〉	420 元
73	店長操作手冊（增訂七版）	420 元
74	連鎖企業如何取得投資公司注入資金	420 元
75	特許連鎖業加盟合約（增訂二版）	420 元
76	實體商店如何提昇業績	420 元
77	連鎖店操作手冊（增訂六版）	420 元
78	快速架設連鎖加盟帝國	450 元
79	連鎖業開店複製流程（增訂二版）	450 元
80	開店創業手冊〈增訂五版〉	450 元
81	餐飲業如何提昇業績	450 元

《工廠叢書》

15	工廠設備維護手冊	380 元
16	品管圈活動指南	380 元
17	品管圈推動實務	380 元
20	如何推動提案制度	380 元
24	六西格瑪管理手冊	380 元
30	生產績效診斷與評估	380 元
32	如何藉助 IE 提升業績	380 元
46	降低生產成本	380 元
47	物流配送績效管理	380 元
51	透視流程改善技巧	380 元
55	企業標準化的創建與推動	380 元
56	精細化生產管理	380 元
57	品質管制手法〈增訂二版〉	380 元
58	如何改善生產績效〈增訂二版〉	380 元
68	打造一流的生產作業廠區	380 元
70	如何控制不良品〈增訂二版〉	380 元
71	全面消除生產浪費	380 元
72	現場工程改善應用手冊	380 元
77	確保新產品開發成功（增訂四版）	380 元
79	6S 管理運作技巧	380 元
84	供應商管理手冊	380 元
85	採購管理工作細則〈增訂二版〉	380 元
88	豐田現場管理技巧	380 元
92	生產主管操作手冊(增訂五版)	420 元
93	機器設備維護管理工具書	420 元
94	如何解決工廠問題	420 元
96	生產訂單運作方式與變更管理	420 元
97	商品管理流程控制(增訂四版)	420 元
102	生產主管工作技巧	420 元
103	工廠管理標準作業流程〈增訂三版〉	420 元
105	生產計劃的規劃與執行(增訂二版)	420 元
107	如何推動 5S 管理（增訂六版）	420 元
108	物料管理控制實務〈增訂三版〉	420 元
111	品管部操作規範	420 元
113	企業如何實施目視管理	420 元
114	如何診斷企業生產狀況	420 元
115	採購談判與議價技巧〈增訂四版〉	450 元
116	如何管理倉庫〈增訂十版〉	450 元

117	部門績效考核的量化管理（增訂八版）	450 元
118	採購管理實務〈增訂九版〉	450 元
119	售後服務規範工具書	450 元
120	生產管理改善案例	450 元

《培訓叢書》

12	培訓師的演講技巧	360 元
15	戶外培訓活動實施技巧	360 元
21	培訓部門經理操作手冊（增訂三版）	360 元
23	培訓部門流程規範化管理	360 元
24	領導技巧培訓遊戲	360 元
26	提升服務品質培訓遊戲	360 元
27	執行能力培訓遊戲	360 元
28	企業如何培訓內部講師	360 元
31	激勵員工培訓遊戲	420 元
32	企業培訓活動的破冰遊戲（增訂二版）	420 元
33	解決問題能力培訓遊戲	420 元
34	情商管理培訓遊戲	420 元
36	銷售部門培訓遊戲綜合本	420 元
37	溝通能力培訓遊戲	420 元
38	如何建立內部培訓體系	420 元
39	團隊合作培訓遊戲(增訂四版)	420 元
40	培訓師手冊（增訂六版）	420 元
41	企業培訓遊戲大全(增訂五版)	450 元

《傳銷叢書》

4	傳銷致富	360 元
5	傳銷培訓課程	360 元
10	頂尖傳銷術	360 元
12	現在輪到你成功	350 元
13	鑽石傳銷商培訓手冊	350 元
14	傳銷皇帝的激勵技巧	360 元
15	傳銷皇帝的溝通技巧	360 元
19	傳銷分享會運作範例	360 元
20	傳銷成功技巧（增訂五版）	400 元
21	傳銷領袖（增訂二版）	400 元
22	傳銷話術	400 元
24	如何傳銷邀約（增訂二版）	450 元
25	傳銷精英	450 元

為方便讀者選購，本公司將一部分上述圖書又加以專門分類如下：

《主管叢書》

1	部門主管手冊（增訂五版）	360 元
2	總經理手冊	420 元
4	生產主管操作手冊（增訂五版）	420 元
5	店長操作手冊（增訂七版）	420 元
6	財務經理手冊	360 元
7	人事經理操作手冊	360 元
8	行銷總監工作指引	360 元
9	行銷總監實戰案例	360 元

《總經理叢書》

1	總經理如何管理公司	360 元
2	總經理如何領導成功團隊	360 元
3	總經理如何熟悉財務控制	360 元
4	總經理如何靈活調動資金	360 元
5	總經理手冊	420 元

《人事管理叢書》

1	人事經理操作手冊	360 元
2	從招聘到離職	450 元
3	員工招聘性向測試方法	360 元
5	總務部門重點工作（增訂四版）	450 元
6	如何識別人才	360 元
7	如何處理員工離職問題	360 元
8	人力資源部流程規範化管理（增訂五版）	420 元
9	面試主考官工作實務	360 元
10	主管如何激勵部屬	360 元
11	主管必備的授權技巧	360 元
12	部門主管手冊（增訂五版）	360 元

工廠叢書 (120)　　售價：450 元

生產管理改善案例

西元二〇二二年十二月　　初版一刷

編著：丁振國　任賢旺

策劃：麥可國際出版有限公司（新加坡）

編輯：蕭玲

校對：劉飛娟

發行所：憲業企管顧問有限公司

電話：(02) 2762-2241　(03) 9310960　0930872873

電子郵件聯絡信箱：huang2838@yahoo.com.tw

銀行 ATM 轉帳：合作金庫銀行　帳號：5034-717-347447

郵政劃撥：18410591　憲業企管顧問有限公司

登記證：行政業新聞局版台業字第 6380 號

本圖書是由憲業企管顧問(集團)公司所出版，以專業立場，為企業界提供最專業的各種經營管理類圖書。

圖書編號 ISBN：978-986-369-112-9